Elementare Berechnung der Logarithmen

eine Ergänzung der Arithmetik-Bücher

Von

Dr. Hermann Schubert
Professor an der Gelehrtenschule des Johanneums in Hamburg

Leipzig
G. J. Göschensche Verlagshandlung
1903

Spamersche Buchdruckerei, Leipzig.

Vorwort.

Dem Schüler werden die Logarithmentafeln in die Hand gegeben, ohne daß ihm dabei gesagt werden kann, wie es möglich ist, fünf oder gar noch mehr Dezimalstellen des Logarithmus einer vorliegenden Zahl aufzufinden. Zwar wird er aus der Definition des Logarithmus verstehen, daß log 3 deshalb gleich 0,47712 gesetzt werden muß, weil die hunderttausendste Potenz der Zahl Drei zwischen der 47 tausend 712-ten Potenz und der 47 tausend 713-ten Potenz der Zahl Zehn liegt. Doch wird kein Schüler glauben, daß jemals jemand die hunderttausendste Potenz von Drei durch aufeinanderfolgendes Multiplizieren mit Drei ausgerechnet hat. Dem Schüler muß daher eine Logarithmentafel zeitlebens wie ein **Wunderwerk** erscheinen, wenn ihm nicht, wenigstens in Prima, eine Methode gezeigt wird, durch die man, ohne zu große Mühen, Logarithmen berechnen kann. Zwar liefern die logarithmischen Reihen eine solche Methode. Doch sind die unendlichen Potenzreihen — mit Ausnahme der unendlichen geometrischen Reihe — aus dem Pensenplan der meisten Gymnasien verbannt. Es entsteht also die Frage, wie man ohne logarithmische Reihen Logarithmen berechnen kann, wenn man beim Lernenden keine weiteren mathematischen Kenntnisse als die eines Gymnasial-Primaners voraussetzen darf. Zu diesen Kenntnissen aber gehört außer der Arithmetik der sieben Operationen*) Addition, Subtraktion, Multiplikation, Division, Potenzierung, Radizierung und Logarithmierung auch die Kenntnis des binomischen Lehrsatzes für positiv-ganzzahlige Exponenten.**) Dieser aber liefert uns das Mittel, um auf elementarem Wege — ohne logarithmische Reihen — eine Methode abzuleiten, durch die man die Logarithmen aller Zahlen genau berechnen kann, wo unter „genau" zu verstehen ist, daß man erstens einen Dezimalbruch berechnen kann, der sicher kleiner ist als der gesuchte Logarithmus, zweitens aber auch einen Dezimalbruch, der sicher größer ist als der gewünschte Logarithmus (hier § 6 und § 7), und zwar so, daß der Unterschied kleiner als ein Milliontel oder wenigstens kleiner als ein Hunderttausendtel wird.

Wenn hiernach die Kenntnis einer elementaren Methode, um Logarithmen zu berechnen, für einen Gymnasiasten, der logarithmische Reihen und natürliche Logarithmen nicht kennen lernt, geradezu notwendig erscheint, so dürfte eine solche Kenntnis auch für Schüler eines Realgymnasiums oder einer Oberrealschule didaktisch von Nutzen sein, zumal eine solche Methode auch Gelegenheit dazu bietet, sich im Rechnen mit Ungleichungen und im Einschließen irrationaler Zahlen

---

*) Ein systematischer Aufbau der Begriffe und Gesetze dieser sieben Operationen findet sich unter andern auch in des Verfassers Lehrbüchern:

1) „Sammlung von arithmetischen und algebraischen Fragen und Aufgaben, verbunden mit einem systematischen Aufbau der Begriffe und Gesetze der elementaren Arithmetik", Potsdam bei Aug. Stein 1883, vier Auflagen.

2) „Elementare Arithmetik" in der „Sammlung Göschen", 2. Aufl., Leipzig 1903.

3) „Elementare Arithmetik" in der „Sammlung Schubert", Leipzig 1899.

**) Vergl. des Verfassers „Niedere Analysis, Teil I" in der „Sammlung Schubert", Leipzig 1902.

in rationale Grenzen zu üben. Ich lege deshalb meine „Elementare Berechnung der Logarithmen" nicht allein meinen Kollegen an Gymnasien, sondern den Mathematiklehrern an allen höheren Schulen vor, mit der Bitte, den Inhalt dieses kleinen Buches bei ihrem Unterricht verwerten zu wollen. Wie weit aber diese Verwertung geht, muß ich der Neigung des Unterrichtenden überlassen. Man braucht hier nur so weit zu gehen, daß man, ganz ohne Grenzberechnung, nachweist, daß die in § 5 mit D und E bezeichneten Gleichungen nahezu richtig sein müssen, und vielleicht auch, daß man die Methode der Binomialkoeffizienten nur ahnen läßt, indem man log 2 und log 3 je in zwei Grenzen einschließt, wie es in § 13 geschehen ist. Man kann aber auch, wenn man Zeit und Lust dazu hat, den Inhalt des Buches so weit verwerten, daß man den Schüler dahin bringt, daß er selbständig eine obere und eine untere Grenze für den Logarithmus einer aufgegebenen Zahl berechnet, sei es nach § 6 bis § 8, sei es nach § 13.

Oberhof i. Th., am 29. Juli 1903.

Hermann Schubert.

Inhaltsverzeichnis.

I. Abschnitt.

Einleitendes.

§ 1. Der binomische Lehrsatz.

Von der Theorie der binomischen Entwickelung und der Binomialkoeffizienten sei hier nur einiges zusammengestellt, was im folgenden Anwendung findet. Schon in der elementarsten Arithmetik wird die Verwandelung von $(a+b)^2$ bezw. $(a+b)^3$ in eine Summe gelehrt. Es ist nämlich:

$$(a+b)^2 = a^2 + 2ab + b^2$$

und

$$(a+b)^3 = a^3 + 3a^2b + 3ab^2 + b^3,$$

oder, wenn $a = 1$, $b = x$ gesetzt wird,

$$(1+x)^2 = 1 + 2x + x^2$$

und

$$(1+x)^3 = 1 + 3x + 3x^2 + x^3.$$

Es ist nun klar, daß, wenn man $(1+x)^3$ wieder mit $1+x$ multipliziert, links $(1+x)^4$ herauskommt und rechts eine Summe von fünf Summanden, deren erster 1 und deren fünfter x^4 heißt, während der zweite ein Vielfaches von x, der dritte ein Vielfaches von x^2, der vierte ein Vielfaches von x^3 wird. So weitergehend, erkennt man, daß

$$(1+x)^n \text{ gleich } 1 + n_1 x + n_2 x^2 + n_3 x^3 + \ldots n_{n-1} x^{n-1} + x^n$$

gesetzt werden kann, wo die Zahlen n_1, n_2, n_3, $\ldots n_{n-1}$ noch in ihrer Abhängigkeit von n zu bestimmen sind. Man nennt diese Zahlen „Binomialkoeffizienten“, und zwar bezeichnet man n_i als den i-ten Binomialkoeffizienten der

n-ten Potenz. Die voranstehende Zahl 1 nennt man den nullten Binomialkoeffizienten, zugleich erkennt man, daß der n-te Binomialkoeffizient der n-ten Potenz gleich 1 ist. Es läßt sich nun beweisen, daß der i-te Binomialkoeffizient der n-ten Potenz

$$n_i \text{ gleich } \frac{n!}{i!\,(n-i)!}$$

ist, wo das hinter eine Zahl p gesetzte Ausrufungszeichen das Produkt aller aufeinanderfolgenden Zahlen von 1 bis p bedeutet, und wo 0! gleich 1 zu setzen ist; also z. B. $3! = 1 \cdot 2 \cdot 3 = 6$, $5! = 1 \cdot 2 \cdot 3 \cdot 4 \cdot 5 = 120$ ist. Hiernach ist z. B.:

$$n_1 = \frac{n!}{1!\,(n-1)!} = n; \quad n_2 = \frac{n!}{2!\,(n-2)!} = \frac{n(n-1)}{2!};$$

$$n_3 = \frac{n(n-1)(n-2)}{3!}; \quad n_4 = \frac{n(n-1)(n-2)(n-3)}{4!} \text{ usw.}$$

Ferner ist:

$$5_3 = \frac{5 \cdot 4 \cdot 3}{1 \cdot 2 \cdot 3} = 10; \quad 8_4 = \frac{8 \cdot 7 \cdot 6 \cdot 5}{1 \cdot 2 \cdot 3 \cdot 4} = 70;$$

$$10_4 = \frac{10 \cdot 9 \cdot 8 \cdot 7}{1 \cdot 2 \cdot 3 \cdot 4} = 210 \text{ usw.}$$

Um zu beweisen, daß der i-te Binomialkoeffizient der n-ten Potenz gleich

$$\frac{n!}{i!\,(n-i)!} = \frac{n(n-1)(n-2)\ldots(n-i+1)}{1 \cdot 2 \cdot 3 \ldots . i}$$

ist, bemerken wir zunächst, daß dies für $n = 3$ stimmt, da, wie oben erwähnt ist, $3_1 = \frac{3!}{1!\,2!} = 3$ und $3_2 = \frac{3!}{2!\,1!} = 3$ ist. Es ist deshalb für alle Zahlen n bewiesen, daß

$$n_i = \frac{n!}{i!\,(n-i)!}$$

ist, sobald aus der Annahme, daß diese Formel für $n = m - 1$ richtig ist, abgeleitet werden kann, daß sie auch für $n = m$ richtig ist. Denn dann folgt daraus, daß sie für $n = 3$ richtig ist, die Richtigkeit für $n = 4$, aus der Richtigkeit für $n = 4$ die für $n = 5$ usw. Demgemäß nehmen wir an, es sei in

$$(1+x)^{m-1} = 1 + (m-1)_1 x + (m-1)_2 x^2 + \dots$$
$$+ (m-1)_{m-2} x^{m-2} + x^{m-1};$$
$$(m-1)_i = \frac{(m-1)!}{i!\,(m-1-i)!},$$

also auch
$$(m-1)_{i-1} = \frac{(m-1)!}{(i-1)!\,(m-i)!}.$$

Multiplizieren wir nun $(1+x)^{m-1}$ und die diesem Ausdruck gleichgesetzte Summe mit $1+x$, so erhalten wir:

$$(1+x)^m = 1 + x\,[(m-1)_1 + 1] + x^2\,[(m-1)_2 + (m-1)_1]$$
$$+ x^3\,[(m-1)_3 + (m-1)_2] + \dots$$
$$+ x^{m-1}[(m-1)_{m-1} + (m-1)_{m-2}] + x^m.$$

Es ist also nur nachzuweisen, daß

$$(m-1)_i + (m-1)_{i-1} = m_i$$

ist. Dies folgt aber aus der obigen Annahme. Denn es ist danach:

$$(m-1)_i = \frac{(m-1)!}{i!\,(m-1-i)!} = \frac{(m-1)!\,(m-i)}{i!\,(m-i)!}$$

und:

$$(m-1)_{i-1} = \frac{(m-1)!}{(i-1)!\,(m-i)!} = \frac{(m-1)!\,i}{i!\,(m-i)!}.$$

Also erhält man durch Addition:

$$(m-1)_i + (m-1)_{i-1} = \frac{(m-1)!\,[m-i+i]}{i!\,(m-i)!} = \frac{(m-1)!\,m}{i!\,(m-i)!}$$
$$= \frac{m!}{i!\,(m-i)!} = m_i.$$

Hiermit ist bewiesen, daß der mit m_i bezeichnete i-te Binomialkoeffizient der m-ten Potenz gleich

$$\frac{m!}{i!\,(m-i)!} = \frac{m\,(m-1)\,(m-2)\dots\dots(m-i+1)}{1\cdot 2\cdot 3\dots\dots\dots(i-1)\,i}$$

ist. Beispielsweise ist:

$$(1+x)^{10} = 1 + \frac{10}{1}x + \frac{10\cdot 9}{1\cdot 2}\cdot x^2 + \frac{10\cdot 9\cdot 8}{1\cdot 2\cdot 3}x^3 + \frac{10\cdot 9\cdot 8\cdot 7}{1\cdot 2\cdot 3\cdot 4}x^4$$
$$+ \frac{10\cdot 9\cdot 8\cdot 7\cdot 6}{1\cdot 2\cdot 3\cdot 4\cdot 5}\cdot x^5 + \frac{10\cdot 9\cdot 8\cdot 7\cdot 6\cdot 5}{1\cdot 2\cdot 3\cdot 4\cdot 5\cdot 6}x^6 + \dots.$$
$$= 1 + 10x + 45x^2 + 120x^3 + 210x^4 + 252x^5$$
$$+ 210x^6 + 120x^7 + 45x^8 + 10x^9 + x^{10}.$$

Verwandelt man x in $-x$, so erhält man aus der binomischen Entwickelung von $(1+x)^n$:

$$(1-x)^n = 1 - n_1 x + n_2 x^2 - n_3 x^3 + \ldots . n_n x^n,$$

wo $n_i = \frac{n(n-1)(n-2)\ldots(n-i+1)}{1\cdot 2\cdot 3\ldots i}$ zu setzen ist. Wenn man $x=1$ in die binomische Formel für $(1+x)^n$ und für $(1-x)^n$ einsetzt, so erhält man:

$$2^n = 1 + n_1 + n_2 + n_3 + n_4 + \ldots + n_n$$

und:

$$0 = 1 - n_1 + n_2 - n_3 + n_4 - \ldots . n_n.$$

§ 2. Logarithmen und Logarithmentafeln.

Wenn $g^\alpha = a$ ist, so nennt man α den Logarithmus von a zur Basis g, geschrieben:

$$\overset{g}{\log}\, a = \alpha.$$

Man nennt dann a den Numerus, α den Logarithmus, g die Basis. Wenn ferner $g^\beta = b$ ist, also auch:

$$\overset{g}{\log}\, b = \beta$$

zu setzen ist, so folgt durch Multiplikation von $g^\alpha = a$ mit $g^\beta = b$, daß

$$g^\alpha \cdot g^\beta = g^{\alpha+\beta} = a \cdot b$$

ist, oder, daß der Logarithmus von a mal b gleich α plus β, d. h. gleich der Summe der Logarithmen von a und von b ist, oder:

$$\overset{g}{\log}\,(a\cdot b) = \overset{g}{\log}\, a + \overset{g}{\log}\, b.$$

Ebenso erkennt man:

$$\overset{g}{\log}\,(a:b) = \overset{g}{\log}\, a - \overset{g}{\log}\, b;$$

$$\overset{g}{\log}\,(a^m) = m \cdot \overset{g}{\log}\, a;$$

$$\overset{g}{\log}\, \sqrt[m]{a} = \frac{1}{m} \cdot \overset{g}{\log}\, a.$$

Wenn also die Logarithmen aller Zahlen zu irgend einer Basis g berechnet vorliegen, und man also imstande ist, einerseits den Logarithmus α jeder gegebenen Zahl a finden zu können, andrerseits auch zu einem gegebenen Logarithmus α den zugehörigen Numerus a finden zu können, so kann man, wegen der obigen Formeln, jede Multiplikation in eine Addition, jede Division in eine Subtraktion, jede Potenzierung in eine Multiplikation, jede Radizierung in eine Division verwandeln; so daß sich das Rechnen wesentlich bequemer gestalten läßt.

Da unsere Zifferschrift die Zahl Zehn als Grundlage hat, so ist es praktisch, die Basis g auch gleich Zehn zu setzen. Dadurch erreicht man nämlich, daß die beiden aufeinanderfolgenden ganzen Zahlen, zwischen denen der Logarithmus einer Zahl a liegt, allein schon aus der Zahl der Ziffern, die a hat, erkannt werden kann. Denn, wenn

$$\overset{10}{\log}\, a = \alpha$$

ist, also:

$$10^{\alpha} = a$$

ist, so muß ein Größerwerden von α ein Größerwerden von a zur Folge haben, und umgekehrt. Und da nun 10^1 die erste zweiziffrige Zahl, 10^2 die erste dreiziffrige Zahl, und allgemein 10^{n-1} die erste n-ziffrige Zahl ist, so muß der Logarithmus einer n-ziffrigen Zahl a zur Basis Zehn zwischen den ganzen Zahlen $n-1$ und n liegen. Es kommt also zur ganzen Zahl $n-1$ noch eine Zahl hinzu, die kleiner als Eins ist. Diese hinzukommende Zahl, die immer zwischen Null und Plus Eins liegt, heißt „Mantisse" des Logarithmus der Zahl a, während man die ganze Zahl $n-1$ „Kennziffer" von $\overset{10}{\log}\, a$ nennt. Man pflegt die Mantisse immer in Dezimalbruchform zu schreiben. Ferner pflegt man, bei dekadischen Logarithmen, d. h. solchen, die die Basis Zehn haben, die Angabe der Basis über dem Buchstaben „o" in log fortzulassen. Da in diesem Buche nur dekadische Logarithmen vorkommen*), so dürfen wir auch das Wort dekadisch fortlassen, so daß aus Logarithmus von a gleich α oder:

$$\log a = \alpha \quad \text{immer} \quad 10^{\alpha} = a$$

folgt.

---

*) Insbesondere ist in diesem Buche von natürlichen Logarithmen nicht die Rede, da sie der elementaren Arithmetik fernliegen. Daß die in § 3 eingeführten Konstanten C und D gleich e bezw. e^2 sind, braucht den elementaren Charakter dieses Buches nicht zu stören.

Da ein Dezimalbruch nichts weiter ist als ein Bruch, dessen Nenner eine Potenz von Zehn ist, und da

$$\log \frac{a}{10^n} = \log a - n \cdot \log 10 = \log a - n$$

ist, so hat der Logarithmus eines Dezimalbruchs immer dieselbe Mantisse wie der Logarithmus derjenigen Zahl, die entsteht, wenn man das Komma des Dezimalbruchs fortläßt. Was die Kennziffer des Logarithmus eines Dezimalbruchs angeht, so muß sie, wie aus dem Obigen hervorgeht, um 1 kleiner sein, als die Anzahl der Ziffern ist, die vor dem Komma des Dezimalbruchs stehen.

Es ist also nur nötig, die Mantissen der Logarithmen der ganzen Zahlen zu wissen, um auch sofort die Logarithmen aller Dezimalbrüche angeben zu können. Unter „Logarithmentafel" versteht man eine solche übersichtliche Zusammenstellung der Logarithmen der ganzen Zahlen, daß links die Zahlen in ihrer natürlichen Reihenfolge 1, 2, 3, 4 usw. stehen und die zugehörigen Logarithmen oder auch nur deren Mantissen rechts deutlich erkennbar sind. Eine Logarithmentafel heißt genau, wenn sie bei dem Logarithmus jeder Zahl a zwei rationale Dezimalbrüche erkennen läßt, von denen der eine sicher kleiner ist als log a, der andere sicher größer ist als log a. Doch ist bei den meisten Logarithmentafeln*) nur eine einzige Zahl angegeben, nämlich diejenige, die bei der vorgeschriebenen Anzahl der Dezimalstellen dem wahren Werte des Logarithmus am nächsten ist, gleichviel ob sie zu groß oder zu klein ist. Eine Logarithmentafel heißt m-stellig, wenn sie die ersten

---

*) So auch bei den beiden Logarithmentafeln, die der Verfasser herausgegeben hat, nämlich:

1. „Fünfstellige Tafeln und Gegentafeln", Leipzig 1897.
2. „Vierstellige Tafeln und Gegentafeln", 2. Aufl., Leipzig 1903.

Diese Tafeln des Verfassers unterscheiden sich von den meisten sonstigen Tafeln dadurch, daß ihnen eine zweite Tafel hinzugefügt ist, die auch die Mantissen in ihrer natürlichen Ordnung, von den kleineren zu den größeren aufsteigend, enthält und rechts die zugehörigen Numeri. Der Vorteil, den man beim Gebrauch solcher Tafeln hat, besteht darin, daß die Methode der Auffindung der gesuchten Zahlen dieselbe bleibt, gleichviel ob man den Logarithmus zu einem gegebenen Numerus oder den Numerus zu einem gegebenen Logarithmus sucht.

m Dezimalstellen der Mantisse jedes Logarithmus angibt. Die meisten der gegenwärtig im Gebrauch befindlichen Logarithmentafeln sind fünfstellig. Auf Schulen werden auch vielfach vierstellige benutzt*). Bis vor etwa 50 Jahren waren fast nur siebenstellige im Gebrauch. Der von Vega 1783 herausgegebene „Thesaurus logarithmorum" war zehnstellig. Bei einer m-stelligen Tafel muß der der Tafel entnommene Logarithmus sich vom wahren Werte desselben um weniger als $\frac{1}{10^m}$ unterscheiden, und, wenn die fünfte Dezimalstelle so gewählt ist, daß die angegebene Zahl dem wahren Werte am nächsten kommt, so ist der Fehler, den man macht, wenn man die für $\log a$ der Tafel entnommene Zahl gleich $\log a$ setzt, sogar kleiner als:

$$\frac{1}{2 \cdot 10^m}.$$

Wenn man aus den beiden rationalen Dezimalbrüchen, die man für $\log a$ berechnet hat, und von denen der eine kleiner, der andere größer als der wahre Wert ist, einen für die Aufnahme in eine Tafel geeigneten Wert entnehmen will, so muß man die letzte Dezimalstelle so wählen, daß der Logarithmus noch innerhalb des Intervalls der beiden rationalen Dezimalbrüche liegt. Beispielsweise ist in diesem Buche (§ 7, Liste B) angegeben:

$$1{,}4471\,5791 < \log 28 < 1{,}4471\,5814,$$

aus welchem Resultat folgt, daß in eine sechsstellige Tafel, in der eine Angabe, ob die sechste Stelle zu groß oder zu klein ist, nicht notwendig ist,

$$\log 28 = 1{,}447158$$

aufnehmbar ist. Wenn aber vielleicht durch einen kleinen Strich, der über der letzten Stelle steht oder nicht steht, angedeutet werden soll, daß der wahre Wert kleiner oder größer als die angegebene Zahl ist, so ist es nicht möglich, aus der angegebenen Ungleichung zu entnehmen, ob zu schreiben ist:

$$\log 28 = 1{,}44715\overline{8} \text{ oder } \log 28 = 1{,}447157.$$

*) Die schon oben erwähnte vierstellige Logarithmentafel des Verfassers erschien in der „Sammlung Göschen", 2. Aufl., Leipzig, 1903.

Wenn aber aus der angegebenen Ungleichung für log 28 ein Wert von log 28 für eine **fünfstellige** Tafel zu entnehmen ist, so ist mit Sicherheit

$$\log 28 = 1{,}4471\overline{6}$$

in die Tafel aufzunehmen.

Dagegen kann bei der hier in § 6 (Liste A) angegebenen Ungleichung:

$$1{,}6812\,4105 < \log 48 < 1{,}6812\,4141$$

kein Zweifel entstehen, daß in eine sechsstellige Tafel

$$\log 48 = 1{,}681241$$

aufzunehmen ist, und daß der wahre Wert von log 48 noch etwas größer ist, so daß

$$1{,}681241 < \log 48 < 1{,}681241 + \frac{1}{2 \cdot 10^6}$$

ist.

Die Berechnung einer Logarithmentafel ist „**planmäßig**“, wenn die Berechnung des Logarithmus einer größeren Zahl der Berechnung des Logarithmus jeder kleineren Zahl **nachfolgt**, so daß, wenn $b > a$ ist, $\log a$ als bekannt angesehen werden kann, wenn $\log b$ berechnet werden soll. Dabei brauchen auch nur die Logarithmen der Primzahlen berechnet zu werden, da der Logarithmus jeder zusammengesetzten Zahl eine **Summe von Vielfachen der Logarithmen der kleineren Primzahlen** ist. Wenn nämlich eine zusammengesetzte Zahl z die Primzahl 2 α-mal, 3 β-mal, 5 γ-mal usw. enthält, so daß

$$z = 2^\alpha \cdot 3^\beta \cdot 5^\gamma \cdot 7^\delta \cdot 11^\varepsilon \ldots$$

ist, so folgt durch Logarithmieren:

$$\log z = \alpha \cdot \log 2 + \beta \cdot \log 3 + \gamma \cdot \log 5 + \delta \cdot \log 7 + \ldots$$

Nur ist dabei zu beachten, daß bei einer derartigen Zusammensetzung des Logarithmus einer zusammengesetzten Zahl z aus den Logarithmen der in z steckenden Primzahlen der Unterschied der beiden rationalen Zahlen, von denen die eine kleiner, die andere größer als der wahre Logarithmus ist, **erhöht** wird, also die Genauigkeit etwas erniedrigt wird. Beispielsweise ist log 48 aus log 2 und log 3 berechenbar, weil $48 = 2^4 \cdot 3$ ist, und deshalb:

$$\log 48 = 4 \log 2 + \log 3$$

ist. Für log 2 und log 3 ist nun in § 6, Liste A gefunden:

$$0{,}3010\,2997 < \log 2 < 0{,}3010\,3002$$

und

$$0{,}4771\,2117 < \log 3 < 0{,}4771\,2133,$$

so daß der Unterschied der beiden rationalen Zahlen, die log 2 einschließen, $5:10^8$, und der Unterschied der beiden rationalen Zahlen, die log 3 einschließen, $16:10^8$ beträgt. Daraus folgt aber, daß der Unterschied der beiden rationalen Dezimalbrüche, die log 48 einschließen, schon

$$(4 \text{ mal } 5 + 16) : 10^8 = 36 : 10^8$$

betragen muß (vgl. die obige Ungleichung für log 48).

§ 3. Vorbereitende Untersuchungen.

Wenn man $\left(1 + \frac{1}{y}\right)^y$, wo y eine positive ganze Zahl ist, nach dem binomischen Lehrsatz entwickelt, der für den Fall, daß der Exponent eine positive ganze Zahl ist, in § 1 abgeleitet ist, so erhält man:

$$\left(1 + \frac{1}{y}\right)^y = 1 + \frac{y}{1!\,y} + \frac{y(y-1)}{2!\,y^2} + \frac{y(y-1)(y-2)}{3!\,y^3} + \ldots + \frac{y(y-1)(y-2)\ldots 2\cdot 1}{y!\,y^y}$$

oder:

$$(1)\quad \left(1 + \frac{1}{y}\right)^y = 1 + \frac{1}{1!} + \frac{1}{2!}\left(1 - \frac{1}{y}\right) + \frac{1}{3!}\left(1 - \frac{1}{y}\right)\left(1 - \frac{2}{y}\right) + \ldots + \frac{1}{y!}\left(1 - \frac{1}{y}\right)\left(1 - \frac{2}{y}\right)\left(1 - \frac{3}{y}\right)\ldots\left(1 - \frac{y-1}{y}\right)$$

Setzt man in (1) $y = \infty$, so erhält man rechts eine Konstante, nämlich:

$$1 + \frac{1}{1!} + \frac{1}{2!} + \frac{1}{3!} + \frac{1}{4!} + \ldots,$$

welche Summe unbegrenzt fortzusetzen ist. Wir erkennen, daß diese Konstante, die C heißen soll, größer als Zwei ist. Daß C auch kleiner als Drei ist, ergibt sich daraus, daß:

$$\frac{1}{2!}=\frac{1}{2},\ \frac{1}{3!}<\frac{1}{2}\cdot\frac{1}{2},\ \frac{1}{4!}<\frac{1}{2}\cdot\frac{1}{2}\cdot\frac{1}{2} \text{ usw. ist, so daß}$$

$$C<1+\left[1+\frac{1}{2}+\frac{1}{2^2}+\frac{1}{2^3}+\ldots\right]$$

Die in der eckigen Klammer stehende Summe hat Zwei als Grenzwert nach der auf unendliche Reihen ausgedehnten Summen-Formel für geometrische Reihen. Wir erhalten also

$$2<C<3. \tag{2}$$

Von dieser Konstanten C, von der soeben gezeigt ist, daß sie größer als Zwei und kleiner als Drei ist, ergibt nun die Gleichung 1), daß

$$\left(1+\frac{1}{y}\right)^y<C$$

ist, wenn y eine endliche Zahl ist und C der Grenzwert ist, dem $\left(1+\frac{1}{y}\right)^y$ zustrebt, wenn y unendlich groß wird. Hieraus folgt, daß das Quadrat von $\left(1+\frac{1}{y}\right)^y$ einem Grenzwert zustreben muß, der das Quadrat von C ist. Bezeichnen wir also das Quadrat von C mit D, so muß also

$$\left(1+\frac{1}{y}\right)^{2y}$$

für unendlich große y dem Grenzwerte $D=C^2$ zustreben. Nun ist aber:

$$\begin{aligned}(3)\ \left(1+\frac{1}{y}\right)^{2y} &= 1+\frac{2y}{1!\,y}+\frac{2y(2y-1)}{2!\,y^2}+\frac{2y(2y-1)(2y-2)}{3!\,y^3}\\ &\quad+\ldots+\frac{2y(2y-1)(2y-1)\cdots 2\cdot 1}{(2y)!\,y^{2y}}\\ &=1+\frac{2}{1!}+\frac{2^2}{2!}\left(1-\frac{1}{2y}\right)+\frac{2^3}{3!}\left(1-\frac{1}{2y}\right)\left(1-\frac{2}{2y}\right)\\ &\quad+\ldots+\frac{2^{2y}}{(2y)!}\left(1-\frac{1}{2y}\right)\left(1-\frac{2}{2y}\right)\cdots\left(1-\frac{2y-1}{2y}\right)\end{aligned}$$

Da die in den Klammern stehenden Ausdrücke bei unbegrenzt wachsendem y den Grenzwert Eins haben, so ergibt sich:

$$D = C^2 = 1 + \frac{2}{1!} + \frac{2^2}{2!} + \frac{2^3}{3!} + \ldots,$$

wo die rechts stehende Summe unbegrenzt fortzusetzen ist. Es läßt sich nun leicht zeigen, daß die soeben eingeführte Konstante $D = C^2$ einen Zahlenwert hat, der zwischen 7 und 8 liegt. Denn es ist:

$$D = 1 + \frac{2^1}{1!} + \frac{2^2}{2!} + \frac{2^3}{3!} + \frac{2^4}{4!}\left[1 + \frac{2}{5} + \frac{2^2}{5 \cdot 6} + \frac{2^3}{5 \cdot 6 \cdot 7} + \ldots\right]$$

Daher ist

$$D > 1 + 2 + 2 + \frac{8}{6} + \frac{16}{24}, \text{ also } > 1 + 2 + 2 + \frac{4}{3} + \frac{2}{3},$$

oder:

$$D > 7.$$

Nun ist aber von den in der eckigen Klammer stehenden Brüchen $\frac{2}{5} < \frac{1}{2}$, also erst recht $\frac{2^2}{5 \cdot 6} < \frac{1}{2} \cdot \frac{1}{2}$, $\frac{2^3}{5 \cdot 6 \cdot 7} < \frac{1}{2} \cdot \frac{1}{2} \cdot \frac{1}{2}$ usw. Also ist nach der Summenformel für geometrische Reihen:

$$1 + \frac{2}{5} + \frac{2^2}{5 \cdot 6} + \frac{2^3}{5 \cdot 6 \cdot 7} + \ldots < \frac{1}{1 - \frac{1}{2}} \text{ oder } < 2.$$

Demnach:

$$D < 1 + 2 + 2 + \frac{8}{6} + \frac{16}{24} \cdot 2$$

oder

$$D < \frac{19}{3} + \frac{2}{3} \cdot 2 \text{ oder } D < \frac{23}{3},$$

also erst recht:

$$D < 8.$$

Die Konstante D, von der wir soeben gezeigt haben, daß sie größer als 7, aber kleiner als 8 ist, war als der Grenzwert von

$$\left(1 + \frac{1}{y}\right)^{2y}$$

definiert, wenn y unbegrenzt wächst. Sie ist aber auch der Grenzwert von $\left(1+\frac{1}{y}\right)^{2y+1}$, weil dieser Ausdruck gleich $\left(1+\frac{1}{y}\right)^{2y}$ mal $1+\frac{1}{y}$ ist, und $1+\frac{1}{y}$ für unbegrenzt wachsende y den Grenzwert 1 hat.

Denselben Grenzwert D hat auch:

$$\left(1+\frac{2}{w}\right)^{w+1}$$

für unbegrenzt wachsende w, weil

$$\left(1+\frac{2}{w}\right)^{w+1} = 1+(w+1)\cdot\frac{2}{w}+\frac{(w+1)w}{1\cdot 2}\cdot\frac{2^2}{w^2}$$

$$+\frac{(w+1)w(w-1)}{1\cdot 2\cdot 3}\cdot\frac{2^3}{w^3}$$

$$+\ldots = 1+\frac{2}{1!}\left[1+\frac{1}{w}\right]+\frac{2^2}{1\cdot 2}\left[1+\frac{1}{w}\right]+\frac{2^3}{1\cdot 2\cdot 3}\left[1-\frac{1}{w^2}\right]$$

$$+\frac{2^4}{1\cdot 2\cdot 3\cdot 4}\left[\left(1-\frac{1}{w^2}\right)\left(1-\frac{2}{w}\right)\right]+\ldots$$

ist, und bei unbegrenzt wachsendem w die in den eckigen Klammern stehenden Ausdrücke sämtlich 1 werden (vgl. No. 3).

Es läßt sich nun aber zeigen, daß, wenn w eine endliche Zahl ist,

$$\left(1+\frac{2}{w}\right)^{w+1}$$

größer als D ist. Um dieses einzusehen, entwickeln wir:

$$\left[1+\frac{2}{(w+2)(w-1)}\right]^{w}$$

nach dem binomischen Lehrsatze, und erhalten:

$$\left[1+\frac{2}{(w+2)(w-1)}\right]^{w} = 1+\frac{2w}{(w+2)(w-1)}$$

$$+\frac{2^2 w(w-1)}{2!(w+2)^2(w-1)^2}+\frac{2^3 w(w-1)(w-2)}{3!(w+2)^3(w-1)^3}+\ldots$$

Also ist, wenn $w > 1$ ist, was wir voraussetzen wollen,

$$\left[1+\frac{2}{(w+2)(w-1)}\right]^w \geqq 1+\frac{2w}{(w+2)(w-1)} + \frac{2w}{(w+2)^2(w-1)}.$$

Nun ist aber:

$$\frac{2w}{(w+2)(w-1)}+\frac{2w}{(w+2)^2(w-1)}$$

$$=\frac{2w(w+2)+2w}{(w+2)^2(w-1)}=\frac{2w(w+3)}{(w^2+4w+4)(w-1)}=\frac{2w(w+3)}{w^3+3w^2-4}$$

$$=\frac{2}{w-\frac{4}{w^2+3w}}>\frac{2}{w}.$$

Also ist auch:

$$\left[1+\frac{2}{(w+2)(w-1)}\right]^w > 1+\frac{2}{w}$$

oder:

$$\left[\frac{w^2+w-2+2}{(w+2)(w-1)}\right]^w > \frac{w+2}{w}$$

oder:

$$\left[\frac{w(w+1)}{(w+2)(w-1)}\right]^w > \frac{w+2}{w}$$

oder:

$$\left[\frac{w+1}{w-1}\right]^w > \frac{w+2}{w}\cdot\frac{(w+2)^w}{w^w},$$

wofür wir auch schreiben können:

$$\left(1+\frac{2}{w-1}\right)^w > \frac{(w+2)^{w+1}}{w^{w+1}}$$

oder, umgekehrt geschrieben:

$$\left(1+\frac{2}{w}\right)^{w+1} < \left(1+\frac{2}{w-1}\right)^w$$

In dieser Gleichung geht nun die rechte Seite aus der linken hervor, wenn man w durch $w-1$ ersetzt. Wenn also w kleiner bezw. größer wird, so muß umgekehrt:

$$\left(1+\frac{2}{w}\right)^{w+1}$$

größer bezw. kleiner werden. Wir können daher den folgenden Satz aussprechen:

Die Konstante D, von der oben erkannt ist, daß sie gleich C^2 ist, und daß sie der Grenzwert von $\left(1+\frac{2}{w}\right)^{w+1}$ für unbegrenzt wachsende w ist, ist immer kleiner als

$$\left(1+\frac{2}{w}\right)^{w+1},$$

wo w eine positive endliche Zahl ist.

Zu diesem Satze, von dem wir in § 4 Gebrauch machen werden, fügen wir noch einen zweiten Satz hinzu, den wir ebenfalls in § 4 anwenden werden, und der sich auf die Konstante C bezieht. Durch Logarithmieren von 2) erhalten wir:

$$y \log\left(1+\frac{1}{y}\right) < \log C$$

oder:

(4) $$\log\left(1+\frac{1}{y}\right) < \frac{\log C}{y}$$

oder:

$$\log\frac{y+1}{y} < \frac{\log C}{y}$$

oder, wenn wir c für $\log C$ schreiben:

(5) $$\log(y+1) - \log y < \frac{c}{y}.$$

Über die Konstante c, die als $\log C$ eingeführt ist, läßt sich leicht erkennen, daß sie größer als $\frac{1}{3}$, aber kleiner als $\frac{1}{2}$ ist. Um zu zeigen, daß $c < \frac{1}{2}$ ist, gehen wir davon aus, daß $C < 3$ ist, was oben bewiesen ist, daß deshalb $C^2 < 9$, also auch < 10 ist. Daraus folgt aber durch Logarithmieren:

$$2 \log C < \log 10 \text{ oder } c < \frac{1}{2}.$$

Um zu erkennen, daß $c > \frac{1}{3}$ ist, gehen wir davon aus, daß

$$C = 1 + \frac{1}{1!} + \frac{1}{2!} + \frac{1}{3!} + \dots > 1 + 1 + \frac{1}{2},$$

also größer als $\frac{5}{2}$ ist. Da nun aber

$$\left(\frac{5}{2}\right)^3 = \frac{125}{8} > 10$$

ist, so folgt durch Logarithmieren

$$3 \log \frac{5}{2} > \log 10$$

oder:

$$\log \frac{5}{2} > \frac{1}{3};$$

und, da $C > \frac{5}{2}$ ist, so ist

$$\log C = c > \log \frac{5}{2} > \frac{1}{3}.$$

Da soeben bewiesen ist, daß $\log C = c$ zwischen $\frac{1}{3}$ und $\frac{1}{2}$ liegt, so können wir daraus schließen, daß $\log D$, wofür wir d sagen wollen, gleich $\log(C^2) = 2 \log C = 2c$ zwischen $\frac{2}{3}$ und 1 liegt. Wir haben also über die oben eingeführten Konstanten c und d die folgenden Resultate erhalten:

(6) $$\frac{1}{3} < c < \frac{1}{2}$$

und

(7) $$\frac{2}{3} < d < 1\text{*)}.$$

In (5) oben ist gezeigt, daß der Unterschied der Logarithmen zweier aufeinanderfolgender Zahlen kleiner ist

*) Auf anderem Wege wird in § 6 ein genauerer Wert der Konstanten d berechnet.

$\frac{c}{y}$, wo y die kleinere der beiden Zahlen und c eine Konstante ist, die, wie oben gezeigt ist, größer als $\frac{1}{2}$ aber kleiner als $\frac{1}{3}$ ist. Es läßt sich nun aber auch zeigen, daß derselbe Unterschied größer ist als $\frac{c}{y+1}$, wo also $y+1$ die größere der beiden aufeinanderfolgenden Zahlen ist. Denn oben ist gezeigt, daß

$$\left(1+\frac{2}{w}\right)^{w+1} > D = C^2$$

ist. Hieraus folgt durch Logarithmieren:

$$(w+1)\cdot\log\left(1+\frac{2}{w}\right) > 2\log C.$$

Wenn wir wieder c für $\log C$ schreiben, und $w=2u$ setzen, so erhalten wir:

$$(2u+1)\cdot\log\left(1+\frac{1}{u}\right) > 2c.$$

Daher ist um so mehr:

$$(2u+2)\cdot\log\left(1+\frac{1}{u}\right) > 2c$$

oder:

$$(u+1)\log\left(1+\frac{1}{u}\right) > c,$$

woraus folgt:

$$\text{(8)} \qquad \log(u+1)-\log u > \frac{c}{u+1}.$$

Wenn wir dieses Resultat mit (5) zusammenfassen, erhalten wir:

$$\text{(9)} \qquad \frac{c}{u+1} < \log(u+1)-\log u < \frac{c}{u}.$$

Nach (6) ist aber:

$$\frac{1}{3} < c < \frac{1}{2}.$$

Multipliziert man diese Ungleichung mit (9) und hebt dann durch c, so erhält man:

$$\frac{1}{3} \cdot \frac{1}{u+1} < \log(u+1) - \log u < \frac{1}{2} \cdot \frac{1}{u}$$

oder in Worten:

Die Differenz der Logarithmen zweier aufeinanderfolgender Zahlen ist immer größer als der dritte Teil des reziproken Wertes der größeren der beiden Zahlen, aber kleiner als die Hälfte des reziproken Wertes der kleineren der beiden aufeinanderfolgenden Zahlen.

Beispielsweise liegt $\log 10 - \log 9$ zwischen $\frac{1}{30}$ als unterer Grenze und $\frac{1}{18}$ als oberer Grenze, oder:

$$\frac{1}{30} < 1 - 2\log 3 < \frac{1}{18}$$

oder:

$$-\frac{29}{30} < -2\log 3 < -\frac{17}{18}$$

oder:

$$\frac{29}{30} > 2\log 3 > \frac{17}{18}$$

oder:

$$\frac{29}{60} > \log 3 > \frac{17}{36}; \text{ oder: } 0{,}49 > \log 3 > 0{,}47\,.$$

Da, wie oben gezeigt ist, C der Grenzwert ist, dem $\left(1+\frac{1}{y}\right)^y$ zustrebt, wenn y unendlich groß wird, so muß $\log C = c$ der Grenzwert sein, dem $y \cdot \log\left(1+\frac{1}{y}\right)$ zustrebt, wenn y unendlich groß wird. Setzt man $y = \frac{x}{\varepsilon}$, so daß, wenn ε unendlich klein wird, y unendlich groß wird, so erhält man, daß

$$\frac{x}{\varepsilon} \cdot \log\left(1+\frac{\varepsilon}{x}\right)$$

den Grenzwert c hat, falls ε unendlich klein wird. Hierdurch können wir aber erfahren, wie $\log x$ wächst, wenn x

wächst. Wenn nämlich x um ε wächst, so wächst $\log x$ um:

$$\log(x+\varepsilon) - \log x \text{ oder } \log\left(1+\frac{\varepsilon}{x}\right).$$

Nun hat aber, wie wir soeben gesehen haben, $\frac{x}{\varepsilon} \cdot \log\left(1+\frac{\varepsilon}{x}\right)$ den Grenzwert c oder $\log\left(1+\frac{\varepsilon}{x}\right)$ den Grenzwert $\frac{c \cdot \varepsilon}{x}$. Wir erhalten also den Satz:

Wenn x um ε wächst, so wächst $\log x$ um $\frac{c \cdot \varepsilon}{x}$, wo ε unendlich klein ist, und wo c eine Konstante ist, die größer als ein Drittel, aber kleiner als Einhalb ist.

II. Abschnitt.

Das Tripelverfahren.

§ 4. Ableitung der beiden Hauptformeln.

In § 3 erschien die Konstante D als der Grenzwert, dem man sich nähert, wenn man in der Summe:

$$1+\frac{2^1}{1!}+\frac{2^2}{2!}+\frac{2^3}{3!}+\frac{2^4}{4!}+\cdots$$

immer mehr Glieder berücksichtigt. Auch ist dort bewiesen, daß D kleiner ist als

$$\left(1+\frac{2}{w}\right)^{w+1}.$$

Wir erhalten daher eine positive Zahl, wenn wir von der binomischen Entwickelung von $\left(1+\frac{2}{w}\right)^{w+1}$

$$D=1+\frac{2^1}{1!}+\frac{2^2}{2!}+\frac{2^3}{3!}+\frac{2^4}{4!}+\cdots$$

subtrahieren. So kommt

$$0<\left(1+\frac{2}{w}\right)^{w+1}-D=\left[1+\frac{2(w+1)}{1!\,w}+\frac{2^2\cdot(w+1)\cdot w}{2!\,w^2}\right.$$

$$\left.+\frac{2^3(w+1)\,w\,(w-1)}{3!\,w^3}+\frac{2^4(w+1)\,w\,(w-1)\,(w-2)}{4!\,w^4}+\cdots\right]$$

$$-\left[1+\frac{2^1}{1!}+\frac{2^2}{2!}+\frac{2^3}{3!}+\frac{2^4}{4!}+\cdots\right]$$

$$= \frac{2^1}{1!}\frac{w+1-w}{w} + \frac{2^2}{2!}\cdot\frac{w+1-w}{w} + \frac{2^3}{3!}\frac{w^2-1-w^2}{w^2}$$
$$+ \frac{2^4}{4!}\frac{(w^2-1)(w-2)-w^3}{w^3}$$
$$+ \frac{2^5}{5!}\frac{(w^2-1)(w-2)(w-3)-w^4}{w^4} + \ldots$$
$$= \frac{4}{w} - \frac{2^3}{3!}\cdot\frac{1}{w^2} - \frac{2^4}{4!}\frac{w^3-(w^2-1)(w-2)}{w^3}$$
$$- \frac{2^5}{5!}\frac{w^4-(w^2-1)(w-2)(w-3)}{w^4} - \ldots\ldots$$

In dieser Summe sind nun die Zähler der vorkommenden Brüche sämtlich positiv, weil

$$w^2 > w^2 - 1,$$

also auch:

$$w^3 > (w^2-1)(w-2), \text{ da } w > w-2 \text{ ist,}$$

ferner nun auch:

$$w^4 > (w^2-1)(w-2)(w-3), \text{ da } w > w-3 \text{ ist}$$

usw. Demnach ist jeder auf $\frac{4}{w}$ folgende Subtrahendus positiv, so daß wir erhalten:

$$(1) \qquad 0 < \left(1+\frac{2}{w}\right)^{w+1} - D < \frac{4}{w}.$$

Diese Ungleichung dividieren wir nun durch D. Dadurch erhalten wir:

$$0 < \frac{\left(1+\frac{2}{w}\right)^{w+1}}{D} - 1 < \frac{4}{Dw}.$$

Wir addieren überall 1 und erhalten:

$$1 < \frac{\left(1+\frac{2}{w}\right)^{w+1}}{D} < 1 + \frac{4}{Dw}.$$

Jetzt logarithmieren wir und erhalten:

$$(2)\qquad 0 < (w+1)\log\left(1+\frac{2}{w}\right) - \log D < \log\left(1+\frac{4}{Dw}\right).$$

Nach der Formel (4) des § 3 erhalten wir über

$$\log\left(1+\frac{4}{Dw}\right) = \log\left(1+\frac{1}{\frac{Dw}{4}}\right),$$

daß:

$$\log\left(1+\frac{4}{Dw}\right) < \frac{c}{\frac{Dw}{4}},$$

so daß wir statt (2) schreiben können:

$$(3)\qquad 0 < (w+1)\log\left(1+\frac{2}{w}\right) - \log D < \frac{4c}{Dw}.$$

Nun ist in § 3 erkannt, daß $\log D = \log(C^2) = 2\log C = 2c$ ist, so daß wir erhalten:

$$(4)\qquad 0 < (w+1)\log\frac{w+2}{w} - 2c < \frac{4c}{Dw}.$$

Nun erhalten wir aus (4), nachdem durch $w+1$ dividiert ist:

$$(5)\qquad 0 < \log(w+2) - \log w - \frac{2c}{w+1} < \frac{4c}{Dw(w+1)}.\text{*)}$$

Für $2c$ haben wir in § 3 den Buchstaben d eingeführt und zugleich erkannt, daß d eine Konstante ist, die zwischen

---

*) Herr Breuer, Direktor des Progymnasiums zu Wipperfürth, führt in seinen Programm-Abhandlungen von 1894 bis 1898 Formeln an, durch welche gleichfalls $\log\left(1+\frac{1}{w}\right)$ oder $\log\left(1+\frac{2}{w}\right)$ in zwei Grenzen eingeschlossen werden kann. Während die untere Grenze bei Breuer mit unserer unteren Grenze identisch ist, erweist sich seine obere Grenze als verschieden von der unsrigen. Was aber, gegenüber der Breuerschen Methode, Logarithmen zu berechnen, bei den hier erörterten Methoden wesentlich anders ist, ist dies, daß hier die noch unbekannten Logarithmen von Primzahlen durch Elimination aus hinreichend vielen Ungleichungen zwischen diesen Logarithmen gewonnen werden, was dem Schüler, der an Gleichungen mit mehreren Unbekannten gewöhnt ist, näher liegt, als eine Berechnung durch Reihen.

$\frac{2}{3}$ und 1 liegt. Führen wir d ein und schreiben 7 statt D, was gestattet ist, weil $7 < D < 8$ ist, wie in § 3 gezeigt ist, so erhalten wir aus (5), nachdem überall $\frac{d}{w+1}$ addiert ist, die erste Hauptformel:

$$(6) \qquad \frac{d}{w+1} < \log(w+2) - \log w < \frac{d}{w+1} + \frac{d}{\frac{7}{2} w(w+1)}.$$

Die Formel (6) gibt zwei Grenzen an für den Unterschied der Logarithmen zweier Zahlen, die sich um 2 unterscheiden. Um hieraus noch eine Formel zu erhalten, welche die Logarithmen von **drei** aufeinanderfolgenden Zahlen miteinander verbindet, setzen wir $w = 2x^2 - 2$, wodurch wir erhalten:

$$\frac{d}{2x^2-1} < \log(2x^2) - \log(2x^2 - 2) < \frac{d}{2x^2-1} + \frac{d}{7(2x^2-1)(x^2-1)}$$

oder, wie wir auch schreiben können:

$$\frac{d}{2x^2-1} < \log\frac{2x^2}{2x^2-2} < \frac{d}{2x^2-1} + \frac{d}{7(2x^2-1)(x^2-1)}.$$

Nachdem wir den hinter log stehenden Bruch durch 2 gehoben und $x^2 - 1$ in $(x+1)(x-1)$ verwandelt haben, erhalten wir die zweite Hauptformel, die **Tripelformel** heißen soll:

$$(7) \qquad \frac{d}{2x^2-1} < 2\log x - \log(x-1) - \log(x+1) < \frac{d}{2x^2-1} + \frac{d}{7(2x^2-1)(x^2-1)}.$$

Die beiden Hauptformeln (6) und (7) sind nun die Quelle, aus welcher sich rationale Grenzen für die Logarithmen aller Zahlen ableiten lassen, wie in §§ 6, 7, 8, 9 gezeigt werden wird.

§ 5. Vorläufige*) Berechnung von log 2 und log 3.

Nach der in § 4 abgeleiteten Formel (7) ist:

$$2\log x - \log(x-1) - \log(x+1) - \frac{d}{2x^2-1}$$

eine positive Zahl, die aber kleiner ist als $\frac{d}{7(2x^2-1)(x^2-1)}$ und demnach bei wachsendem x immer kleiner wird. Da wir nach der Ungleichung (7) in § 4 wissen, daß d eine Konstante ist, die kleiner ist als 1, so ist der Fehler, den wir machen, wenn wir:

$$2\log x - \log(x-1) - \log(x+1) \text{ gleich } \frac{d}{2x^2-1}$$

setzen, kleiner als $\frac{1}{7(2x^2-1)(x^2-1)}$. Beispielsweise wird für $x = 4$ die Fehlergrenze $\frac{1}{3255}$ oder $< 0{,}0003$. Für $x = 9$ wird die Fehlergrenze $\frac{1}{90160}$ oder $< 0{,}00001$. Wir tragen deshalb hier vorläufig kein Bedenken, die obige Gleichung für $x = 3, x = 5$ und $x = 9$ anzuwenden. Dadurch erhalten wir:

$$2\log 4 - \log 3 - \log 5 = \frac{d}{31}$$

$$2\log 5 - \log 4 - \log 6 = \frac{d}{49}$$

$$2\log 9 - \log 8 - \log 10 = \frac{d}{161}\,.$$

---

*) In § 6 werden für log 2 und für log 3 je zwei Dezimalbrüche berechnet, von denen der eine sicher zu klein, der andere sicher zu groß ist, wodurch ein Urteil über die Annäherung an die wahren Werte gewonnen wird, während hier log 2 und log 3 berechnet werden, ohne daß angegeben werden kann, wie nahe man den wahren Werten von log 2 und von log 3 gekommen ist, wenn man nicht voraussetzt, daß man schon log 2 und log 3 von irgendwo anders her kennt. Diese Voraussetzung darf aber in einem Buche, wie es das vorliegende ist, nicht gemacht werden, weil es ja zeigen will, wie die Logarithmen berechnet werden können. Deshalb ist die in diesem Paragraphen bewerkstelligte Berechnung von log 2 und von log 3 nur als „vorläufige“ zu betrachten.

Wenn wir in diesem System von drei Gleichungen

$$\log 4 = 2 \log 2, \log 5 = \log \frac{10}{2} = \log 10 - \log 2 = 1 - \log 2,$$

ferner:

$$\log 6 = \log (2 \cdot 3) = \log 2 + \log 3, \log 9 = \log (3^2) = 2 \log 3,$$

dann:

$$\log 8 = \log (2^3) = 3 \log 2, \log 10 = 1$$

setzen, erhalten wir:

$$\left.\begin{array}{ll} \text{A)} & 5 \log 2 - \log 3 - 1 = \frac{d}{31} \\ \text{B)} & -5 \log 2 - \log 3 + 2 = \frac{d}{49} \\ \text{C)} & -3 \log 2 + 4 \log 3 - 1 = \frac{d}{161}. \end{array}\right\}$$

Die in diesem System von drei Gleichungen vorkommenden Größen log 2, log 3 und d betrachten wir nun als Unbekannte. Um log 2 und log 3 aus unserem Gleichungs-System zu berechnen, haben wir d zu eliminieren. Dies geschieht dadurch, daß wir erstens die erste durch die zweite Gleichung, zweitens die zweite durch die dritte Gleichung dividieren. Dadurch erhalten wir:

$$\text{D)} \quad \frac{5 \log 2 - \log 3 - 1}{-5 \log 2 - \log 3 + 2} = \frac{49}{31}$$

und zweitens:

$$\text{E)} \quad \frac{-5 \log 2 - \log 3 + 2}{-3 \log 2 + 4 \log 3 - 1} = \frac{23}{7}.$$

Nach Fortschaffung der Brüche erhalten wir:

$$\left\{\begin{array}{r} 400 \log 2 + 18 \log 3 = 129 \\ +34 \log 2 - 99 \log 3 = -37 \end{array}\right\}.$$

Um log 2 zu berechnen, eliminieren wir nun log 3, indem wir die erste Gleichung mit 11, die zweite mit 2 multiplizieren. So erhalten wir:

$$\left\{\begin{array}{r} 4400 \log 2 + 198 \log 3 = 1419 \\ 68 \log 2 - 198 \log 3 = -74 \end{array}\right\}.$$

Hieraus ergibt sich durch Addition:

$$4468 \log 2 = 1345,$$

woraus wir einen rationalen Näherungswert für log 2 erhalten, nämlich:

$$\log 2 = \frac{1345}{4468} = 0{,}3010\,2954.$$

In § 6 wird nun streng bewiesen, daß log 2 zwischen 0,3010 2997 und 0,3010 3002 liegt, also bei Abrundung auf sechs Stellen gleich

$$0{,}301030$$

ist. Wir erkennen hieraus, daß das obige Eliminationsverfahren, angewandt auf die drei Gleichungen, die wir für $x = 4, x = 5, x = 9$ erhalten haben, uns log 2 auf sechs Dezimalstellen geliefert hat, nämlich $\underline{\log 2 = 0{,}301\,030.}$

Wenn man in derselben Weise log 3 berechnet, indem man log 2 eliminiert, erhält man:

$$\log 3 = \frac{9593}{20106} = 0{,}4771\,2125.$$

Da nach § 6:

$$0{,}4771\,2117 < \log 3 < 0{,}4771\,2133$$

ist, so hat uns die in § 4 abgeleitete Formel Nr. 7 log 3 auch auf sechs Dezimalstellen geliefert, nämlich $\underline{\log 3 = 0{,}477\,121.}$

Aus den für log 2 und log 3 berechneten Näherungswerten ergeben sich nun die Logarithmen aller Zahlen, die keine anderen Primfaktoren als 2 und 3 enthalten, aber auch:

$$\log 5 = 1 - \log 2 = 0{,}6989\,70$$

und deshalb die Logarithmen aller Zahlen, die keine anderen Primfaktoren als 2, 3 und 5 enthalten. Beispielsweise ist:

$$\log 6 = \log (3 \cdot 2) = \log 3 + \log 2 = 0{,}778\,151;$$
$$\log 8 = \log (2^3) = 3 \cdot \log 2 = 0{,}903\,090;$$
$$\log 50 = \log (5 \cdot 10) = \log 5 + 1 = 1{,}698\,970;$$
$$\log 48 = \log (16 \cdot 3) = \log (2^4 \cdot 3) = 4 \log 2 + \log 3$$
$$= 1{,}204\,120 + 0{,}477\,121$$
$$= 1{,}681\,241.$$

Wir können nun weiter gehen, indem wir in unserer Hauptgleichung:

$$2 \log x - \log (x-1) - \log (x+1) = \frac{d}{2x^2-1}$$

$x = 49 = 7^2$ setzen. Dann wird $\log 49 = 2 \log 7$ durch $\log 48$ und $\log 50$ ausgedrückt, also durch Logarithmen, die als bekannt anzusehen sind, weil 48 und 50 keine anderen Primfaktoren als 2, 3 und 5 enthalten, und zwar ist es, um $\log 7$ zu berechnen, aus zwei Gründen geschickt, $x = 49$ zu setzen, erstens deshalb, weil eine durch 7 teilbare Zahl zur Mittelzahl der drei Zahlen $x-1$, x, $x+1$ gewählt ist, und deshalb die Ungenauigkeiten, die bei der Berechnung von $\log 2$ und $\log 3$ begangen sind, auf die Hälfte herabgedrückt werden, zweitens deshalb, weil diese Mittelzahl die zweite Potenz von 7 und deshalb die Summe jener Ungenauigkeiten noch einmal auf die Hälfte herabgedrückt wird, im ganzen also auf den vierten Teil des begangenen Fehlers. In der Tat erhalten wir ja aus unsrer Hauptformel:

$$\log 7 = \frac{1}{4} \log 50 + \frac{1}{4} \log 48 + \frac{d}{4 \cdot 4801},$$

wo die Konstante d aus einer der drei Gleichungen, aus denen oben eliminiert ist, vorher zu berechnen ist. Erst im Besitz von $\log 7$, könnte man dann weitergehen und zu $\log 11$ gelangen, indem man in der Hauptformel $x = 11$ oder noch besser gleich 55 oder gleich 99 setzt, alles richtige Einsetzungen, weil bei allen die Logarithmen der benachbarten Zahlen als bekannt anzusehen sind, da diese benachbarten Zahlen nur 2, 3, 5, 7 als Primfaktoren enthalten, $\log 2$, $\log 3$, $\log 5$, $\log 7$ aber berechnet sind, und deshalb auch aus ihnen die Logarithmen aller Zahlen folgen, die lediglich 2, 3, 5 und 7 als Primfaktoren enthalten. Nachdem so $\log 11$ berechnet wäre, würde man durch Setzen von $x = 65$ den Logarithmus von 13 finden können. Im Besitze der Logarithmen von 2, 3, 5, 7, 11, 13, würde man den Logarithmus der nächsten Primzahl 17 durch Setzen von $\mathrm{x} = 51$ in die Hauptformel bekommen können, dann $\log 19$ durch Setzen von $x = 76$, und so immer weiter. Man würde so zur Berechnung einer Logarithmentafel kommen können, ohne aber ein Urteil über die Genauigkeit der gefundenen Zahlen gewinnen zu können.*)

Der soeben angedeutete Berechnungsweg hatte seinen Ursprung darin, daß wir in die Hauptformel $x = 4$, $x = 5$, $x = 9$ setzten und so drei Gleichungen mit den drei Unbekannten log 2, log 3 und d erhielten. Wenn wir die Logarithmen noch weiterer Primzahlen, also etwa log 7, log 11, log 13 usw. als Unbekannte betrachten, können wir x auch gleich größeren Zahlen setzen und dadurch erzielen, daß die gefundenen Logarithmen viel genauer werden. Nur muß man darauf achten, daß man soviel Gleichungen aufstellt, wie Unbekannte in ihnen stecken, und auch darauf, daß, nachdem alle Unbekannten außer log 2 und log 3 eliminiert sind, man nicht etwa auf zwei Gleichungen kommt, deren linke Seiten identisch sind. Dies ist deshalb möglich, weil man ja nicht mit wirklichen, sondern mit näherungsweise richtigen Gleichungen operiert. Käme man etwa auf zwei Gleichungen, wie

$$\begin{Bmatrix} a \log 2 + b \log 3 = c \\ a \log 2 + b \log 3 = c' \end{Bmatrix},$$

wo a, b, c, c' beliebige rationale Zahlen sind, so würden c und c' in den ersten Stellen übereinstimmen, der gewählte Berechnungsweg aber für die Berechnung von log 2 und log 3 illusorisch werden.

Ein Weg, bei dem die Berechnung nicht illusorisch wird, ist unter anderm der folgende:

1. Man setze in der Hauptformel dieses Paragraphen $x = 25$. Dann erhält man, nachdem man $\log 5 = 1 - \log 2$ gesetzt und dann zusammengefaßt hat:

$$(1) \quad -\log 13 - \log 3 - 8 \log 2 + 4 = \frac{d}{1249} = d \cdot 0{,}00080\,06405.$$

2. Man setze in der Hauptformel dieses Paragraphen $x = 26$. Dann erhält man nach Zusammenfassung:

$$(2) \quad 2 \log 13 - 3 \log 3 + 4 \log 2 - 2 = \frac{d}{1351} = d \cdot 0{,}00074\,01924.$$

*) Vgl. § 6, § 7, § 8, wo ein solches Urteil gewonnen wird.

3. Man setze in der Hauptformel dieses Paragraphen $x^2 = 1025$ und beachte, daß $2 \log x - \log (x - 1) - \log (x + 1) = \log (x^2) - \log (x^2 - 1)$ ist. Dann erhält man:

$$(3) \qquad \log 41 - 12 \log 2 + 2 = \frac{d}{2049} = d \cdot 0{,}00048\,80429.$$

4. Man setze in der Hauptformel dieses Paragraphen $x = 49$. Dann erhält man schließlich:

$$(4) \quad 4 \log 7 - \log 3 - 3 \log 2 - 2 = \frac{d}{4801} = d \cdot 0{,}00020\,82899.$$

5. Man setze in der Hauptformel dieses Paragraphen $x = 64$, wodurch man erhält:

$$(5) \qquad -\log 13 - \log 7 - 2 \log 3 + 13 \log 2 - 1 = \frac{d}{8191} = d \cdot 0{,}00012\,20852.$$

6. Man setze in der Hauptformel dieses Paragraphen $x = 81$, wodurch man erhält:

$$(6) \qquad -\log 41 + 8 \log 3 - 4 \log 2 - 1 = \frac{d}{13121} = d \cdot 0{,}00007\,62137.$$

Durch Addition von (3) und (6) erhält man nun die erste von den drei gesuchten Gleichungen zwischen log 2, log 3 und d, nämlich:

$$(\text{I}) \qquad 8 \log 3 - 16 \log 2 + 1 = d \cdot 0{,}00056\,42566.$$

Wenn man ferner die zweite Gleichung zum Doppelten der ersten Gleichung addiert, so erhält man:

$$(\text{II}) \qquad -5 \log 3 - 12 \log 2 + 6 = d \cdot 0{,}00234\,14734.$$

Um endlich die dritte von den gesuchten drei Gleichungen zwischen d, log 2 und log 3 zu erhalten, hat man aus (1), (4), (5) log 13 und log 7 zu eliminieren. Dadurch erhält man:

$$(\text{III}) \qquad +5 \log 3 - 81 \log 2 + 22 = d \cdot 0{,}00250\,59313.$$

Wenn man nun die mit (II) und mit (III) bezeichneten Gleichungen addiert, erhält man die erste von zwei Gleichungen, die nur noch d und log 2 als Unbekannte enthalten, nämlich:

$$(\text{IV}) \qquad -93 \log 2 + 28 = d \cdot 0{,}00484\,74047.$$

Wenn man ferner Gleichung (I) mit 5, Gleichung (II) mit 8 multipliziert und dann addiert, erhält man eine zweite nur noch d und log 2 als Unbekannte enthaltende Gleichung, nämlich:

$$\text{(V)} \qquad -176 \log 2 + 53 = d \cdot 0{,}02155\,30702.$$

Um nun aus (IV) und (V) durch Elimination von d log 2 bequem zu berechnen, subtrahieren wir zunächst das Doppelte der Gleichung (IV) von Gleichung (V), wodurch wir erhalten:

$$\text{(VI)} \qquad 10 \log 2 - 3 = d \cdot 0{,}01185\,82608.$$

Zweitens multiplizieren wir (IV) mit 17, (V) mit 9 und subtrahieren. So erhalten wir:

$$\text{(VII)} \qquad -3 \log 2 + 1 = d \cdot 0{,}11157\,17519.$$

Die Division der Gleichung (VI) durch Gleichung (VII) ergibt dann:

$$\frac{10 \log 2 - 3}{-3 \log 2 + 1} = \frac{1185\,82608}{11157\,17519}$$

oder:

$$\log 2\,(111571\,75190 + 3557\,47824) = 1185\,82608 + 33471\,52557,$$

also:

$$\log 2 = \frac{34657\,35165}{115129\,23014}.$$

Die Verwandlung des soeben für log 2 gefundenen Näherungswertes in einen Dezimalbruch ergibt endlich:

$$\log 2 = 0{,}30102\,999566.^{*)}$$

Wenn man ferner erstens aus (I) und (II) log 2, zweitens aus (II) und (III) log 2 eliminiert, erhält man:

$$\begin{matrix} \text{(VIII)} \\ \text{(IX)} \end{matrix} \qquad \left\{\begin{aligned} -\ \ 44 \log 3 + 21 &= d \cdot 0{,}00767\,31238 \\ -155 \log 3 + 74 &= d \cdot 0{,}05319\,60566 \end{aligned}\right\}.$$

Nimmt man nun von (VIII) das Siebenfache, von (IX) das Doppelte, so erhält man:

$$\left\{\begin{aligned} -308 \log 3 + 147 &= d \cdot 0{,}05371\,18666 \\ -310 \log 3 + 148 &= d \cdot 0{,}10639\,21132 \end{aligned}\right\},$$

---

*) Wir können zwar hier noch kein Urteil darüber gewinnen, wie weit wir uns dem wahren Werte von log 2 genähert haben.

woraus durch Subtraktion folgt:

$$(X) \qquad -2\log 3 + 1 = d \cdot 0{,}05268\,02466.$$

Dividiert man nun (X) durch (VIII), so erhält man:

$$\frac{-\ 2\log 3 + 1}{-44\log 3 + 21} = \frac{0{,}05268\,02466}{0{,}00767\,31238},$$

woraus folgt:

$$(\log 3) \cdot 2{,}30258\,46028 = 1{,}09861\,20548$$

oder:

$$\log 3 = 0{,}47712\,125472.$$

Nach dem „Thesaurus logarithmorum"*) haben wir hiermit auch für log 3 **elf** richtige Dezimalstellen erhalten.

§ 6. Berechnung von Grenzen für log 2 und für log 3.

Die in § 5 vorläufig bewerkstelligte elementare Berechnung der Logarithmen läßt in keiner Weise erkennen, um wieviel die dort für $\log a$ gefundene rationale Zahl von dem wahren Werte von $\log a$ höchstens abweichen kann. Zur Beurteilung dieser Abweichung müßte vielmehr schon eine auf hinreichend viele Dezimalstellen berechnete Logarithmentafel vorliegen. Da aber in diesem Buche gezeigt werden soll, wie eine solche Tafel berechenbar ist, so müssen wir uns auf den Standpunkt stellen, als ob wir überhaupt noch von keiner Zahl, außer natürlich von den Potenzen von Zehn, den Logarithmus kennen. Auch ohne eine solche Kenntnis gewinnen wir aber ein Urteil über die genannte Abweichung, wenn wir eine rationale Zahl angeben können, die sicher kleiner als $\log a$ ist, sowie eine zweite rationale Zahl, die sicher größer als $\log a$ ist. Diese beiden rationalen Zahlen wollen wir untere und obere Grenze von $\log a$ nennen. Je kleiner der Unterschied dieser beiden Grenzen wird, desto genauer ist $\log a$ berechnet. Zur Berechnung von derartigen Grenzen dienen die beiden in § 4 bewiesenen Ungleichungen (6) und (7). Diese lauteten:

Jedoch gibt der von Vega herausgegebene „Thesaurus logarithmorum", der die ersten 10 Dezimalstellen der Logarithmen enthält, an, daß log 1024 (= 10 · log 2) = 3,01029 99566 ist, wonach log 2 = 0,30102 999566 ist. Hiernach hätten wir von log 2 die ersten **elf** Dezimalstellen richtig erhalten.

$$(1)\qquad \frac{d}{w+1} < \log(w+2) - \log w < \frac{d}{w+1} + \frac{2d}{7w(w+1)},$$

$$(2)\qquad \begin{aligned}\frac{d}{2x^2-1} < 2\log x - \log(x+1) - \log(x-1) < \frac{d}{2x^2-1}\\ + \frac{d}{7(2x^2-1)(x^2-1)}.\end{aligned}$$

Da der Grenzunterschied bei diesen Formeln um so kleiner wird, je größer w bezw. x ist, so liegt es nahe, für w bezw. x möglichst große Zahlen zu wählen. Die erste dieser beiden Formeln verbindet zwei Zahlen, deren Unterschied 2 beträgt, während die zweite Formel drei aufeinanderfolgende Zahlen miteinander verbindet. Wir wollen deshalb die beiden Formeln durch die Namen Dupelformel und Tripelformel unterscheiden und demgemäß zwei ganze Zahlen, deren Unterschied 2 ist, als Dupel bezeichnen, während die Gesamtheit von drei aufeinanderfolgenden ganzen Zahlen Tripel heißen soll. Da bei der Zerlegung der beiden ein Dupel bildenden Zahlen in Primfaktoren die Primzahlen Zwei und Drei auftreten können, bei der Zerlegung aber der drei ein Tripel bildenden Zahlen in Primfaktoren in diesen Primfaktoren Zwei und Drei auftreten müssen, so müssen wir bei der Anwendung der Dupelformel und der Tripelformel die Logarithmen von Zwei und Drei als Unbekannte ansehen. Zu diesen beiden Unbekannten tritt aber noch die in § 3 eingeführte Konstante d, so daß wir durch Anwendung der Dupelformel oder der Tripelformel zu drei voneinander unabhängigen Ungleichungen zwischen log 2, log 3 und d kommen müßten, um jede dieser drei Unbekannten in zwei rationale Grenzen einschließen zu können. Dadurch, daß man in (1) für w, in (2) für x größere Zahlen einzusetzen hat, damit der Grenzunterschied möglichst klein werde, werden aber die Logarithmen von noch anderen Primzahlen, als von Zwei und von Drei eingeführt. Die Einführung des Logarithmus jeder solcher neuen Primzahl erfordert deshalb auch eine neue Ungleichung. Nun lassen sich aber auf mannigfache Weise Gruppen von Dupeln bezw. Tripeln so zusammenstellen, daß aus diesen Gruppen durch Elimination drei Ungleichungen entstehen, in denen nur d, log 2 und log 3 als Unbekannte vorkommen. Dabei ist noch zu beachten, daß hierbei log 5 nicht als Unbekannte zählt, wenn schon log 2 als Unbekannte betrachtet ist, weil

$$\log 5 = \log \frac{10}{2} = \log 10 - \log 2 = 1 - \log 2$$

ist. Wir stellen nun fünf Tripel und ein Dupel von der gewünschten Beschaffenheit zusammen, indem wir erstens in (2) $x = 25$, zweitens in (2) $x = 26$, drittens in (1) $w = 2048$, viertens in (2) $x = 49$, fünftens in (2) $x = 64$, sechstens in (2) $x = 81$ setzen (vgl. das zweite Beispiel in § 5). So entstehen die folgenden sechs Ungleichungen:

$$(3)\quad \frac{d}{2\cdot 25^2 - 1} < 2\log 25 - \log 26 - \log 24 < \frac{d}{2\cdot 25^2 - 1} + \frac{d}{7\cdot(2\cdot 25^2 - 1)(25^2 - 1)};$$

$$(4)\quad \frac{d}{2\cdot 26^2 - 1} < 2\log 26 - \log 27 - \log 25 < \frac{d}{2\cdot 26^2 - 1} + \frac{d}{7\cdot(2\cdot 26^2 - 1)(26^2 - 1)};$$

$$(5)\quad \frac{d}{2049} < \log 2050 - \log 2048 < \frac{d}{2049} + \frac{d}{7\cdot 2049\cdot 1024};$$

$$(6)\quad \frac{d}{2\cdot 49^2 - 1} < 2\log 49 - \log 50 - \log 48 < \frac{d}{2\cdot 49^2 - 1} + \frac{d}{7\cdot(2\cdot 49^2 - 1)(49^2 - 1)};$$

$$(7)\quad \frac{d}{2\cdot 64^2 - 1} < 2\log 64 - \log 65 - \log 63 < \frac{d}{2\cdot 64^2 - 1} + \frac{d}{7\cdot(2\cdot 64^2 - 1)(64^2 - 1)};$$

$$(8)\quad \frac{d}{2\cdot 81^2 - 1} < 2\log 81 - \log 82 - \log 80 < \frac{d}{2\cdot 81^2 - 1} + \frac{d}{7\cdot(2\cdot 81^2 - 1)(81^2 - 1)}.$$

Jede der hinter log stehenden Zahlen 24, 25, 26, 27, 48, 49, 50, 63, 64, 65, 80, 81, 82, 2048, 2050 zerlegen wir nun in Primfaktoren und zergliedern dann den Logarithmus jedes Produktes von Potenzen von Primzahlen in die Summe von Vielfachen der Logarithmen dieser Primzahlen, gemäß der Formel:

$$\log(a^\alpha \cdot b^\beta \cdot c^\gamma \cdot d^\delta \ldots.)$$
$$= \alpha \cdot \log a + \beta \cdot \log b + \gamma \cdot \log c + d \cdot \log \delta \cdot + \ldots \text{ (vgl. § 2).}$$

Dann entstehen sechs Ungleichungen zwischen den sechs Unbekannten d, log 2, log 3, log 7, log 13, log 41. Wenn man dann noch log 5 gleich $1 - \log 2$ setzt, zusammenfaßt und die Brüche, deren Zähler d ist, in das Produkt von d mit einem zehnstelligen Dezimalbruch verwandelt, so erhält man:

(3) $d \cdot 0{,}00080\,06405 < 4 - 8\log 2 - \log 3 - \log 13 < d \cdot 0{,}00080\,08238$;

(4) $d \cdot 0{,}00074\,01924 < -2 + 4\log 2 - 3\log 3 + 2\log 13 < d \cdot 0{,}00074\,03491$;

(5) $d \cdot 0{,}00048\,80429 < 2 - 12\log 2 + \log 41 < d \cdot 0{,}00048\,81110$;

(6) $d \cdot 0{,}00020\,82899 < -2 - 3\log 2 - \log 3 + 4\log 7 < d \cdot 0{,}00020\,83023$;

(7) $d \cdot 0{,}00012\,20852 < -1 + 13\log 2 - 2\log 3 - \log 7 - \log 13 < d \cdot 0{,}00012\,20895$;

(8) $d \cdot 0{,}00007\,62137 < -1 - 4\log 2 + 8\log 3 - \log 41 < d \cdot 0{,}00007\,62154$.

Wir eliminieren nun log 41, log 13 und log 7, indem wir beachten, daß Kleineres zu Kleinerem addiert, Kleineres gibt, Größeres von Kleinerem subtrahiert, Kleineres gibt usw., daß aber die Addition von Kleinerem zu Größerem nicht notwendig zu Kleinerem oder zu Gleichem oder zu Größerem führt usw. Man hat daher bei der Elimination die Ungleichungen oft umzukehren, um zu einem sicheren Schlusse zu gelangen. Auf solche Weise erhält man die folgenden drei Ungleichungen zwischen d, log 2 und log 3:

$$\left.\begin{array}{ll}
(9) & d \cdot 0{,}00056\,42566 < 8\log 3 - 16\log 2 + 1 < d \cdot 0{,}00056\,43264 \\
(10) & d \cdot 0{,}00234\,14734 < -5\log 3 - 12\log 2 + 6 < d \cdot 0{,}00234\,19967 \\
(11) & d \cdot 0{,}00250\,59017 < +5\log 3 - 81\log 2 + 22 < d \cdot 0{,}00250\,66645
\end{array}\right\}$$

Aus diesen drei Ungleichungen eliminieren wir nun log 3, indem wir erstens (10) und (11) addieren, zweitens (9) mit 5 und (10) mit 8 multiplizieren und dann addieren. So erhalten wir:

$$\left.\begin{array}{ll}(12) & d\cdot 0{,}00484\,73751 < -\;\;93\log 2 + 28 < d\cdot 0{,}00484\,86612\\ (13) & d\cdot 0{,}02155\,30702 < -176\log 2 + 53 < d\cdot 0{,}02155\,76056\end{array}\right\}$$

Multipliziert man nun (12) mit 176, (13) mit 93 und subtrahiert dann die umgekehrt geschriebene erste Ungleichung von der zweiten, so erhält man:

$$(14) \qquad d\cdot 1{,}15107\,11574 < 1 < d\cdot 1{,}15171\,93032.$$

Hieraus aber ergibt sich einerseits

$$d < 0{,}8688,$$

andererseits:

$$0{,}8682 < d, \qquad \text{oder:}$$

$$(15) \qquad 0{,}8682 < d < 0{,}8688.$$

Bezüglich des Grenzunterschieds von sechs Zehntausendtel für d ist zu bemerken, daß derselbe einem Grenzunterschied von wenigen Zehnmillionteln in den zu berechnenden Logarithmen entpricht, weil in den sechs Ungleichungen (3) bis (8) die Konstante d immer durch Zahlen dividiert wird, die größer als tausend sind. Für log 2 ergibt sich sogar nur ein Grenzunterschied von einem h a l b e n Zehnmilliontel. Multiplizieren wir nämlich (12) mit (15), so erhalten wir:

$$0{,}00420\,81654 < -93\log 2 + 28 < 0{,}00421\,28112$$

oder: einerseits: $93\log 2 < 27{,}9957\,9184$

andererseits: $27{,}9957\,8718 < 93\log 2$.

Hieraus folgt aber:

$$(16) \qquad 0{,}3010\,2997 < \log 2 < 0{,}3010\,3002.$$

Aus (9), (10), (11), (15) und (16) folgt nun übereinstimmend:

$$(17) \qquad 0{,}4771\,2117 < \log 3 < 0{,}4771\,2133.$$

Hiermit sind log 2 und log 3 in zwei Grenzen eingeschlossen, die sich um 5 bezw. 16 Hundertmilliontel unterscheiden. Wir haben also erkannt, daß, wenn man

$$\log 2 = 0{,}301030$$

setzt, der Fehler kleiner als ein Dreißigmilliontel sein muß, und wenn man:

$$\log 3 = 0{,}477121$$

setzt, der Fehler kleiner als $33:10^8$ oder kleiner als ein Dreimilliontel sein muß.

Mit Hilfe der beiden hier gefundenen Resultate kann man nun schon die Logarithmen vieler Zahlen in Grenzen einschließen, wobei zu beachten ist, daß auch log 5 nunmehr bekannt ist, indem:

$$1 - 0{,}3010\,3002 < \log 5 < 1 - 0{,}3010\,2997$$

sein muß, oder:

$$0{,}6989\,6998 < \log 5 < 0{,}6989\,7003.$$

Da wir nunmehr die Logarithmen aller Zahlen, die keine anderen Primfaktoren, als Zwei, Drei und Fünf enthalten, in Grenzen einschließen können, so soll dies hier auch wirklich geschehen, wenigstens für die Logarithmen derjenigen dieser Zahlen, die höchstens zweiziffrig sind. Die in jeder Zeile zuletzt stehende, in Klammern gesetzte Zahl gibt den Grenzunterschied in Vielfachen von einem Hundertmilliontel an.

A. Liste der Grenzen für $\log a$, wo $a < 100$ und keine anderen Primfaktoren als 2, 3, 5 enthält:

$$0{,}3010\,2997 < \log 2 < 0{,}3010\,3002 \quad (5)$$
$$0{,}4771\,2117 < \log 3 < 0{,}4771\,2133 \quad (16)$$
$$0{,}6020\,5994 < \log 4 < 0{,}6020\,6004 \quad (10)$$
$$0{,}6989\,6998 < \log 5 < 0{,}6989\,7003 \quad (5)$$
$$0{,}7781\,5114 < \log 6 < 0{,}7781\,5135 \quad (21)$$
$$0{,}9030\,8991 < \log 8 < 0{,}9030\,9006 \quad (15)$$
$$0{,}9542\,4234 > \log 9 < 0{,}9542\,4266 \quad (32)$$
$$1{,}0000\,0000 = \log 10 = 1{,}0000\,0000 \quad (0)$$
$$1{,}0791\,8111 < \log 12 < 1{,}0791\,8137 \quad (26)$$
$$1{,}1760\,9115 < \log 15 < 1{,}1760\,9136 \quad (21)$$
$$1{,}2041\,1988 < \log 16 < 1{,}2041\,2008 \quad (20)$$
$$1{,}2552\,7231 < \log 18 < 1{,}2552\,7268 \quad (37)$$
$$1{,}3010\,2997 < \log 20 < 1{,}3010\,3002 \quad (5)$$

$$
\begin{array}{lr}
1{,}3802\,1108 < \log 24 < 1{,}3802\,1139 & (31) \\
1{,}3979\,3996 < \log 25 < 1{,}3979\,4006 & (10) \\
1{,}4313\,6351 < \log 27 < 1{,}4313\,6399 & (48) \\
1{,}4771\,2117 < \log 30 < 1{,}4771\,2133 & (16) \\
1{,}5051\,4985 < \log 32 < 1{,}5051\,5010 & (25) \\
1{,}5563\,0228 < \log 36 < 1{,}5563\,0270 & (42) \\
1{,}6020\,5994 < \log 40 < 1{,}6020\,6004 & (10) \\
1{,}6532\,1232 < \log 45 < 1{,}6532\,1269 & (37) \\
1{,}6812\,4105 < \log 48 < 1{,}6812\,4141 & (36) \\
1{,}6989\,6998 < \log 50 < 1{,}6989\,7003 & (5) \\
1{,}7323\,9348 < \log 54 < 1{,}7323\,9401 & (53) \\
1{,}7781\,5114 < \log 60 < 1{,}7781\,5135 & (21) \\
1{,}8061\,7982 < \log 64 < 1{,}8061\,8012 & (30) \\
1{,}8573\,3225 < \log 72 < 1{,}8573\,3272 & (47) \\
1{,}8750\,6113 < \log 75 < 1{,}8750\,6139 & (26) \\
1{,}9030\,8991 < \log 80 < 1{,}9030\,9006 & (15) \\
1{,}9084\,8468 < \log 81 < 1{,}9084\,8532 & (64) \\
1{,}9542\,4234 < \log 90 < 1{,}9542\,4266 & (32) \\
1{,}9822\,7102 < \log 96 < 1{,}9822\,7143 & (41)
\end{array}
$$

§ 7. Berechnung von Grenzen für log 7, log 11, log 13, log 17, log 19.

In § 6 sind die Konstante d, sowie die Logarithmen der Zahlen Zwei und Drei in je zwei Grenzen eingeschlossen. Dadurch gelang es, die Logarithmen auch aller derjenigen Zahlen in zwei Grenzen einzuschließen, welche keine anderen Primfaktoren als Zwei, Drei und Fünf enthalten. Es bietet nunmehr keine Schwierigkeit mehr, auch die Logarithmen aller Primzahlen, die größer sind als Fünf, ebenso zu finden, und zwar immer durch die Tripelformel:

$$\frac{d}{2x^2-1} < 2\log x - \log(x+1) - \log(x-1) < \frac{d}{2x^2-1} + \frac{d}{7(2x^2-1)(x^2-1)}.$$

Um den Grenzunterschied möglichst klein zu erhalten, empfiehlt es sich dabei, als Mittelzahl x eines Tripels zunächst nicht die zu berechnende Primzahl selbst, sondern ein solches Vielfaches derselben zu wählen, daß die Logarithmen der beiden Nachbarzahlen $x-1$ und $x+1$ als bekannt anzusehen sind, wenn man planmäßig (vgl. § 2) vorgeht, d. h., wenn man immer von den Logarithmen der kleineren Primzahlen zu denen der größeren aufsteigt. Es ist dabei möglichst dafür zu sorgen, daß die Zahl, deren Logarithmus zu berechnen ist, Primfaktor der Mittelzahl x und nicht der beiden andern Zahlen $x-1$ und $x+1$ ist, und zwar deshalb, weil in der Tripelformel der Logarithmus der Mittelzahl verdoppelt auftritt, und dadurch der Grenzunterschied des zu berechnenden Logarithmus halbiert wird. Planmäßig vorgehend, berechnen wir zunächst log 7. Es ist geschickt, hierzu das Tripel 48, 49, 50 zu benutzen, also die Ungleichung (6) des § 6 anzuwenden. Aus dieser folgt:

$$d \cdot 0{,}00020\,82899 + 2 + 3 \log 2 + \log 3 < 4 \log 7$$
$$< d \cdot 0{,}00020\,83023 + 2 + 3 \log 2 + \log 3.$$

Da man nun da, wo das Kleinere steht, noch Kleineres dafür setzen kann, und da, wo das Größere steht, noch Größeres substituieren darf, so muß man links für d die untere Grenze, rechts für d die obere Grenze setzen. Aus demselben Grunde muß man links für log 2 und log 3 die unteren Grenzen, rechts die oberen Grenzen setzen. So erhält man:

$$0{,}0001\,8083 + 3{,}3802\,1108 < 4 \log 7 < 0{,}0001\,8098$$
$$+ 3{,}3802\,1139$$

oder:

$$3{,}3803\,9191 < 4 \log 7 < 3{,}3803\,9237$$

oder:

$$0{,}8450\,9797 < \log 7 < 0{,}8450\,9810.$$

So ist log 7 in zwei Grenzen eingeschlossen, die sich um 13 Einhundertmilliontel unterscheiden.

Im Besitz der Grenzen für log 7, können wir jetzt die in § 6 begonnene Liste der Grenzen für $\log a$, wo $a < 100$ ist, etwas ergänzen, indem wir die Grenzen für die Logarithmen der Vielfachen von 7 bis zum Vierzehnfachen hinzufügen, mit Ausnahme des Elffachen und des Dreizehnfachen. Wir erhalten durch bloße Additionen:

B. Liste der Grenzen für $\log a$, wo $a < 100$ und Vielfaches von Sieben ist.

$$
\begin{array}{rcl}
0{,}8450\,9797 < \log\ 7 < 0{,}8450\,9810 & (13)\\
1{,}1461\,2794 < \log 14 < 1{,}1461\,2812 & (18)\\
1{,}3222\,1914 < \log 21 < 1{,}3222\,1943 & (29)\\
1{,}4471\,5791 < \log 28 < 1{,}4471\,5814 & (23)\\
1{,}5440\,6795 < \log 35 < 1{,}5440\,6813 & (18)\\
1{,}6232\,4911 < \log 42 < 1{,}6232\,4945 & (34)\\
1{,}6901\,9594 < \log 49 < 1{,}6901\,9620 & (26)\\
1{,}7481\,8788 < \log 56 < 1{,}7481\,8816 & (28)\\
1{,}7993\,4031 < \log 63 < 1{,}7993\,4076 & (45)\\
1{,}8450\,9797 < \log 70 < 1{,}8450\,9810 & (13)\\
1{,}9242\,7908 < \log 84 < 1{,}9242\,7947 & (39)\\
1{,}9912\,2591 < \log 98 < 1{,}9912\,2622 & (31)
\end{array}
$$

Wir gehen nunmehr zur Berechnung von $\log 11$ über. Wir könnten sowohl das Tripel 54, 55, 56 als auch das Tripel 98, 99, 100 wählen, ziehen jedoch das letztere vor, weil seine Mittelzahl die größere ist. Aus der Tripelformel erhalten wir:

$$\frac{0{,}8682}{19601} < 2\log 99 - \log 98 - \log 100 < \frac{0{,}8688}{19601} + \frac{0{,}8688}{7 \cdot 19601 \cdot 9800}$$

oder:

$$0{,}0000\,4429 + \log 98 + \log 100 < 2\log 99 < 0{,}0000\,4433 + \log 98 + \log 100,$$

wo links vom ersten Kleinerzeichen die kleineren Grenzen, rechts vom zweiten Kleinerzeichen die größeren Grenzen einzusetzen sind. So erhält man:

$$\left.\begin{array}{r} 0{,}0000\,4429\\ +\,1{,}9912\,2591\\ +\,2{,}0000\,0000\end{array}\right\} < 2\log 99 < \left\{\begin{array}{r} 0{,}0000\,4433\\ +\,1{,}9912\,2622\\ +\,2{,}0000\,0000\end{array}\right.$$

oder: $3{,}9912\,7020 < 2\log 99 < 3{,}9912\,7055$

oder: $1{,}9956\,3510 < \log 99 < 1{,}9956\,3528.$

Der Unterschied der Grenzen für $\log 99$ beträgt also nur 18 Einhundertmilliontel. Er wird aber für $\log 11$ dadurch größer, daß wir, um log 11 zu erhalten, die Ungleichung

$$0{,}9542\,4266 > \log 9 > 0{,}9542\,4234$$

zu subtrahieren haben, so erhalten wir:

$$1{,}0413\,9244 < \log 11 < 1{,}0413\,9294$$

wodurch log 11 in zwei Grenzen eingeschlossen ist, die sich um 50 Hundertmilliontel oder um ein halbes Milliontel unterscheiden.

Im Besitze zweier Grenzen für log 11 können wir nun auch die in § 6 begonnene und hier oben fortgesetzte Liste der Grenzen für $\log a$, wo $a < 100$ ist, fortsetzen, indem wir die Grenzen für die Logarithmen der Vielfachen von Elf hinzufügen. Wir erhalten durch bloße Additionen:

C. Liste der Grenzen für $\log a$, wo $a < 100$ und Vielfaches von Elf ist.

$$1{,}0413\,9244 < \log 11 < 1{,}0413\,9294 \quad (50)$$
$$1{,}3424\,2241 < \log 22 < 1{,}3424\,2296 \quad (55)$$
$$1{,}5185\,1361 < \log 33 < 1{,}5185\,1427 \quad (66)$$
$$1{,}6434\,5238 < \log 44 < 1{,}6434\,5298 \quad (60)$$
$$1{,}7403\,6242 < \log 55 < 1{,}7403\,6297 \quad (55)$$
$$1{,}8195\,4358 < \log 66 < 1{,}8195\,4429 \quad (71)$$
$$1{,}8864\,9041 < \log 77 < 1{,}8864\,9104 \quad (63)$$
$$1{,}9444\,8235 < \log 88 < 1{,}9444\,8300 \quad (65)$$
$$1{,}9956\,3510 < \log 99 < 1{,}9956\,3528 \quad (18)$$

Die log 99 in Grenzen einschließende Ungleichung ist oben berechnet. Wollte man log 99 aus log 11 + log 9 berechnen, so würde der Grenzunterschied 50 + 32 statt 50 — 32 betragen, also viel größer werden.

Um Grenzen für log 13 zu finden, gehen wir von dem Tripel 64, 65, 66 aus und erhalten:

$$\frac{0{,}8682}{8449} < 2\log 65 - \log 64 - 66 < \frac{0{,}8688}{8449} + \frac{0{,}8688}{7 \cdot 8449 \cdot 4224}$$

$$\text{oder:} \quad \left.\begin{matrix} 0{,}0001\,0275 \\ +\,1{,}8061\,7982 \\ +\,1{,}8195\,4358 \end{matrix}\right\} < 2\log 65 < \left\{\begin{matrix} 0{,}0001\,0283 \\ +\,1{,}8061\,8012 \\ +\,1{,}8195\,4429 \end{matrix}\right.$$

oder: $$3{,}6258\,2615 < 2 \log 65 < 3{,}6258\,2724$$

oder: $$1{,}8129\,1307 < \log 65 < 1{,}8129\,1362.$$

Hiervon ist zu subtrahieren:

$$0{,}6989\,7003 > \log 5 > 0{,}6989\,6998.$$

Dadurch erhält man:

$$1{,}1139\,4304 < \log 13 < 1{,}1139\,4364,$$

also log 13 in zwei Grenzen eingeschlossen, die sich um 60 Hundertmilliontel unterscheiden.

Wir fügen nun die Grenzen für die Logarithmen der Vielfachen von 13 hinzu. Wir erhalten durch bloße Additionen:

D. Grenze der Listen für log a, wo $a < 100$ und Vielfaches von Dreizehn ist.

$$1{,}1139\,4304 < \log 13 < 1{,}1139\,4364 \quad (60)$$
$$1{,}4149\,7301 < \log 26 < 1{,}4149\,7366 \quad (65)$$
$$1{,}5910\,6421 < \log 39 < 1{,}5910\,6497 \quad (76)$$
$$1{,}1760\,0298 < \log 52 < 1{,}7160\,0368 \quad (70)$$
$$1{,}8129\,1307 < \log 65 < 1{,}8129\,1362 \quad (55)$$
$$1{,}8920\,9418 < \log 78 < 1{,}8920\,9499 \quad (81)$$
$$1{,}9590\,4101 < \log 91 < 1{,}9590\,4174 \quad (73)$$

Grenzen für log 17 erhalten wir aus dem Tripel 50, 51, 52, indem wir, da $2 \cdot 51^2 - 1 = 5201$ ist, ansetzen dürfen:

$$\frac{0{,}8682}{5201} < 2 \log 51 - \log 50 - \log 52 < \frac{0{,}8688}{5201} + \frac{0{,}8688}{5201 \cdot 7 \cdot 2600}$$

oder:

$$0{,}0001\,6692 < 2 \log 51 - \log (50 \cdot 52) < 0{,}0001\,6705 + 0{,}0000\,0001$$

oder:

$$0{,}0001\,6692 + \log 2600 < 2 \log 51 < 0{,}0001\,6706 + \log 2600,$$

wo bei $\log 2600 = 2 + \log 26$ links die untere, rechts die obere Grenze zu setzen ist, also:

$$\left\{\begin{matrix} 0{,}0001\,6692 \\ +\,3{,}4149\,7301 \end{matrix}\right\} < 2 \log 51 < \left\{\begin{matrix} 0{,}0001\,6706 \\ +\,3{,}4149\,7366 \end{matrix}\right\}$$

oder:

$$3{,}4151\,3993 < 2\log 51 < 3{,}4151\,4072$$

oder:

$$1{,}7075\,6996 < \log 17 + \log 3 < 1{,}7075\,7036.$$

Subtrahiert man hiervon:

$$0{,}4771\,2133 > \log 3 > 0{,}4771\,2117,$$

so erhält man:

$$1{,}2304\,4863 < \log 17 < 1{,}2304\,4919.$$

So ist log 17 in zwei Grenzen eingeschlossen, die sich um $56:10^8$ unterscheiden.

Wir fügen nun die Logarithmen der Vielfachen von 17 hinzu, wobei zu beachten ist, daß wir für $\log(3 \cdot 17)$ die engeren Grenzen angeben können, die oben gefunden sind, und nicht die weiteren, die wir erhalten würden, wenn wir zu den zuletzt gefundenen Grenzen für log 17 die von log 3 addieren würden. So erhalten wir die folgende Liste:

E. Liste der Grenzen für $\log a$, wo $a < 100$ und Vielfaches von Siebzehn ist.

$$1{,}2304\,4863 < \log 17 < 1{,}2304\,4919 \quad (56)$$
$$1{,}5314\,7860 < \log 34 < 1{,}5314\,7921 \quad (61)$$
$$1{,}7075\,6996 < \log 51 < 1{,}7075\,7036 \quad (40)$$
$$1{,}8325\,0857 < \log 68 < 1{,}8325\,0923 \quad (66)$$
$$1{,}9294\,1861 < \log 85 < 1{,}9294\,1922 \quad (61).$$

Endlich berechnen wir Grenzen für log 19, indem wir von dem Tripel 75, 76, 77 ausgehen. Wir erhalten:

$$\frac{0{,}8682}{11551} < 2\log 76 - \log 75 - \log 77 < \frac{0{,}8688}{11551} + \frac{0{,}8688}{11551 \cdot 7 \cdot 5775}$$

oder:

$$0{,}0000\,7516 < 2\log 76 - \log 75 - \log 77 < 0{,}0000\,7522.$$

Hierzu addieren wir:

$$1{,}8750\,6113 < \log 75 < 1{,}8750\,6139$$

und:

$$1{,}8864\,9041 < \log 77 < 1{,}8864\,9104.$$

So erhalten wir:

$$3{,}7616\,2670 < 2 \log 76 < 3{,}7616\,2765$$

oder: $$1{,}8808\,1335 < \log 76 < 1{,}8808\,1383.$$

Da $\log 76 = \log 19 + \log 4$ ist, so subtrahieren wir:

$$0{,}6020\,6004 > \log 4 > 0{,}6020\,5994,$$

wodurch wir erhalten:

$$1{,}2787\,5331 < \log 19 < 1{,}2787\,5389,$$

also log 19 in zwei Grenzen eingeschlossen, die sich um $58:10^8$ unterscheiden.

Bei der Liste der Logarithmen der Vielfachen von 19 haben wir zu beachten, daß log 76 den oben gefundenen engeren Grenzunterschied $48:10^8 = (58 - 10):10^8$ und nicht etwa $(58+10):10^8$ hat, und daß log 38 den Grenzunterschied $(48+5):10^8 = 53:10^8$ usw. hat.

F. Liste der Grenzen für log *a*, wo $a < 100$ und Vielfaches von Neunzehn ist.

$$1{,}2787\,5331 < \log 19 < 1{,}2787\,5389 \quad (58)$$
$$1{,}5797\,8333 < \log 38 < 1{,}5797\,8386 \quad (53)$$
$$1{,}7558\,7448 < \log 57 < 1{,}7558\,7522 \quad (74)$$
$$1{,}8808\,1335 < \log 76 < 1{,}8808\,1383 \quad (48)$$
$$1{,}9777\,2329 < \log 95 < 1{,}9777\,2392 \quad (63).$$

§ 8. Grenzunterschiede der Logarithmen der übrigen zweiziffrigen Zahlen.

In § 6 und § 7 sind die Logarithmen aller zweiziffrigen Zahlen, die keine anderen Primfaktoren als:

2, 3, 5, 7, 11, 13, 17, 19

enthalten, in Grenzen eingeschlossen. Der größte Unterschied dieser Grenzen beträgt, wie die Listen *A*, *B*, *C*, *D*, *E*, *F* zeigen: $81:10^8$, und zwar trat dieser größte Grenzunterschied bei log 78 ein. Was nun die Logarithmen der noch fehlenden zweiziffrigen Primzahlen anbetrifft, also der Primzahlen

23, 29, 31, 37, 41, 43, 47, 53, 59, 61, 67, 71,
73, 79, 83, 89, 97,

so hat man, behufs Berechnung ihrer Logarithmen, nicht mehr nötig, Vielfache von ihnen als Mittelzahlen von Tripeln zu wählen, sondern man kann einfacher die Primzahlen selbst nehmen, ohne befürchten zu müssen, daß der Grenzunterschied ihrer Logarithmen gar zu groß, also etwa mehr als ein Milliontel, werde. Um dieses einzusehen, beachten wir, daß ein solcher Grenzunterschied nach unserer Tripelformel (§ 4 und § 6) die Hälfte der Summe zweier Grenzunterschiede g_x und h_x ist, wo:

$$g_x = \left[\frac{0{,}8688}{2x^2-1} + \frac{0{,}8688}{(2x^2-1)\cdot 7\cdot(x^2-1)}\right] - \frac{0{,}8682}{2x^2-1} = \frac{0{,}0006}{2x^2-1} + \frac{0{,}8688}{(2x^2-1)\cdot 7\cdot(x^2-1)}$$

ist, und wo h_x die Summe der Grenzunterschiede von

$$\log(x-1) \text{ und } \log(x+1)$$

ist. Da der obige Ausdruck für g_x bei wachsendem x immer kleiner wird, so haben wir bei der beabsichtigten Prüfung gar nicht nötig, für jede der oben angegebenen Primzahlen das zugehörige g_x zu berechnen. So ist z. B.:

$$g_{53} < g_{51},$$

und da sich aus § 7

$$g_{51} = 0{,}0001\,6706 - 0{,}0001\,6692 = 14 : 10^8$$

ergibt, so muß auch $g_{53} < 14 : 10^8$ sein.

Nur für $x = 23, 29, 31$ rechnen wir g_x nach der obigen Formel wirklich aus, und erhalten:

$$g_{23} = 0{,}0008\,2218 - 0{,}0008\,2138 = 0{,}0000\,0080,$$
$$g_{29} = 0{,}0005\,1689 - 0{,}0005\,1647 = 0{,}0000\,0042,$$
$$g_{31} = 0{,}0004\,5231 - 0{,}0004\,5195 = 0{,}0000\,0036.$$

Ferner entnehmen wir aus § 7:

$$g_{49} = 0{,}0001\,8098 - 0{,}0001\,8083 = 0{,}0000\,0015,$$
$$g_{51} = 0{,}0001\,6706 - 0{,}0001\,6692 = 0{,}0000\,0014,$$
$$g_{65} = 0{,}0001\,0283 - 0{,}0001\,0275 = 0{,}0000\,0008,$$
$$g_{76} = 0{,}0000\,7522 - 0{,}0000\,7516 = 0{,}0000\,0006.$$

Folglich erhalten wir in Einhundertmillionteln:

$g_{23} = 80$	$g_{47} < 36$	$g_{73} < 8$
$g_{29} = 42$	$g_{53} < 14$	$g_{79} < 6$
$g_{31} = 36$	$g_{59} < 14$	$g_{83} < 6$
$g_{37} < 36$	$g_{61} < 14$	$g_{89} < 6$
$g_{41} < 36$	$g_{67} < 8$	$g_{97} < 6.$
$g_{43} < 36$	$g_{71} < 8$	

Aus den Listen A bis F erhalten wir für die Summe der Grenzunterschiede von $\log(x-1)$ und $\log(x+1)$, gleichfalls in Hundertmillionteln zunächst:

$$h_{23} = 55 + 31 = 86,$$
$$h_{29} = 23 + 16 = 39,$$
$$h_{31} = 16 + 25 = 41,$$
$$h_{37} = 42 + 53 = 95,$$
$$h_{42} = 10 + 34 = 44,$$
$$h_{43} = 34 + 60 = 94.$$

Da nun der Grenzunterschied für $\log x$

$$< \tfrac{1}{2}(g_x + h_x)$$

ist, so ergibt sich als Grenzunterschied:

bei log 23 weniger als $\frac{1}{2}(80 + 86)$, also < 83,
bei log 29 „ „ $\frac{1}{2}(42 + 39)$, also < 41,
bei log 31 „ „ $\frac{1}{2}(36 + 41)$, also < 39,
bei log 37 „ „ $\frac{1}{2}(36 + 95)$, also < 66,
bei log 41 „ „ $\frac{1}{2}(36 + 44)$, also < 40,
bei log 43 „ „ $\frac{1}{2}(36 + 94)$, also < 65.

Da nun log 2, log 3, log 4 bezw. die Grenzunterschiede bezw. 5, 16, 10 haben (Liste A in § 6), so erhält man weiter für die zusammengesetzten Zahlen:

46, 69, 92; 58, 87; 62, 93; 74; 82; 86

als Grenzunterschiede ihrer nach der Tripelmethode berechneten Logarithmen:

bei log 46 weniger als $83 + 5$, also < 88,
bei log 69 „ „ $83 + 16$, also < 99,
bei log 92 „ „ $83 + 10$, also < 93,

bei log 58 weniger als 41 + 5, also < 46,
bei log 87 „ „ 41 + 16, also < 57,
bei log 62 „ „ 39 + 5, also < 44,
bei log 93 „ „ 39 + 16, also < 55,
bei log 74 „ „ 66 + 5, also < 71,
bei log 82 „ „ 40 + 5, also < 45,
bei log 86 „ „ 65 + 5, also < 70.

Hierdurch können wir nun die oben begonnene Liste für die Summe der Grenzunterschiede von $\log(x-1)$ und $\log(x+1)$ zu Ende führen. Wir erhalten:

$h_{47} = 88 + 36 = 124$	$h_{73} = 47 + 71 = 118$,
$h_{53} = 70 + 53 = 123$	$h_{79} = 81 + 15 = 96$,
$h_{59} = 46 + 21 = 67$	$h_{83} = 45 + 39 = 84$,
$h_{61} = 21 + 44 = 65$	$h_{89} = 65 + 32 = 97$,
$h_{67} = 71 + 66 = 137$	$h_{97} = 41 + 31 = 72$.
$h_{71} = 13 + 47 = 60$	

Hiernach ergibt sich die Fortsetzung der oben begonnenen Liste der Grenzunterschiede, nämlich:

bei log 47 weniger als $\frac{1}{2}(36 + 124)$, also < 80,
bei log 53 „ „ $\frac{1}{2}(14 + 123)$, also < 69,
bei log 59 „ „ $\frac{1}{2}(14 + 67)$, also < 41,
bei log 61 „ „ $\frac{1}{2}(14 + 65)$, also < 40,
bei log 67 „ „ $\frac{1}{2}(8 + 137)$, also < 73,
bei log 71 „ „ $\frac{1}{2}(8 + 60)$, also < 34,
bei log 73 „ „ $\frac{1}{2}(8 + 118)$, also < 63,
bei log 79 „ „ $\frac{1}{2}(6 + 96)$, also < 51,
bei log 83 „ „ $\frac{1}{2}(6 + 84)$, also < 45,
bei log 89 „ „ $\frac{1}{2}(6 + 97)$, also < 52,
bei log 97 „ „ $\frac{1}{2}(6 + 72)$, also < 39.

Hiernach sind nun durch die Listen A bis F in § 6 und § 7 und durch die hier berechneten Grenzunterschiede für alle Zahlen < 100 die Grenzunterschiede ihrer Logarithmen festgestellt, mit einziger Ausnahme der Zahl 94 = 47 mal 2. Da bei log 47 der Grenzunterschied 80 ist, bei log 2 aber 5 ist, so erhalten wir für log 94 keinen größeren Grenzunterschied als 85.

Als Hauptresultat dieses Paragraphen sprechen wir also aus:

Das Tripelverfahren führt auf die Logarithmen aller Zahlen, die kleiner als Hundert sind, und zwar läßt es für den Logarithmus jeder solchen Zahl x zwei Dezimalbrüche finden, von denen der eine kleiner als $\log x$, der andere größer als $\log x$ ist, und es ergibt sich, daß der Unterschied der beiden Dezimalbrüche $< \frac{100}{10^8}$, d. h. kleiner als ein Milliontel bleibt.

Da
$$\log(a \cdot b) = \log a + \log b$$
ist, so fügen wir hinzu:

Wenn man eine Zahl mit einer zweiziffrigen Zahl multipliziert, so wird der Grenzunterschied ihres Logarithmus um weniger als ein Milliontel erhöht.

Da die nach dem Tripelverfahren gefundenen Logarithmen der einziffrigen Zahlen, wie Liste A zeigt, keinen größeren Grenzunterschied zeigen, als $32 : 10^8 < \frac{100}{3} : 10^8$, also einen Grenzunterschied haben, der kleiner als ein Drittel Milliontel ist, so können wir auch folgendes aussprechen:

Wenn man eine Zahl mit einer einziffrigen Zahl multipliziert, so wird der Grenzunterschied ihres Logarithmus um weniger als ein Drittel eines Milliontel erhöht.

§ 9. Logarithmen von Zahlen mit mehr als zwei Ziffern.

In § 6, § 7 und § 8 ist die Berechnung der Logarithmen aller höchstens zweiziffrigen Zahlen dadurch geschehen, daß für jeden Logarithmus zwei achtstellige Dezimalbrüche berechnet sind, von denen der eine größer, der andere kleiner als der gesuchte Logarithmus ist. Es gelang dies durch das auf der Formel (7) des § 4 beruhende Tripelverfahren. Es läßt sich nun zeigen, daß dieses Verfahren sich auch bei Zahlen mit mehr als zwei Ziffern anwenden läßt.

Was zunächst die dreiziffrigen zusammengesetzten Zahlen anbetrifft, so beachte man, daß jede dreiziffrige zusammengesetzte Zahl entweder durch Multiplikation einer einziffrigen mit einer zweiziffrigen Zahl oder durch Multiplikation zweier zweiziffrigen Zahlen, oder durch Multiplikation einer einziffrigen mit einer dreiziffrigen Zahl entstanden gedacht werden kann. Nach den am Schluß von § 8 aufgestellten Sätzen muß daher der Grenzunterschied des Logarithmus einer dreiziffrigen zusammengesetzten Zahl bei Anwendung des Tripelverfahrens kleiner als

$$1 + 1 + \tfrac{1}{3} \text{ oder } 2\tfrac{1}{3}$$

eines Milliontel werden. Und, was den Logarithmus einer dreiziffrigen Primzahl x angeht, so findet man für ihn nach dem Tripelverfahren zwei Grenzen, deren Unterschied sich aus zweierlei zusammensetzt, erstens dem halben Unterschied von

$$\frac{0{,}8688}{2x^2 - 1} + \frac{0{,}8688}{(2x^2 - 1) \cdot 7(x^2 - 1)} \text{ und } \frac{0{,}8682}{2x^2 - 1}$$

und zweitens dem arithmetischen Mittel der Grenzunterschiede von

$$\log(x - 1) \text{ und } \log(x + 1).$$

Da nun schon für die erste dreiziffrige Primzahl 101 die Hälfte des erstgenannten Unterschiedes kleiner wird als das Einundeinhalbfache von einem Hundertmilliontel,*) so ist bei der Aufsuchung des Logarithmus einer dreiziffrigen Primzahl nur das arithmetische Mittel der Logarithmen von $x - 1$ und $x + 1$ wesentlich.*) Da aber diese beiden der Zahl x benachbarten Zahlen zusammengesetzt sind, so müssen die Grenzen auch von dreiziffrigen Primzahlen kleiner als $2\tfrac{1}{3}$ eines Milliontel werden.

Was die vierziffrigen zusammengesetzten Zahlen angeht, so können sie durch Multiplikation von einziffrigen mit vierziffrigen oder von zweiziffrigen mit dreiziffrigen

*) Für jede Primzahl, die größer als 173 ist, beträgt der erstgenannte Grenzunterschied schon weniger als ein Hundertmilliontel.

Zahlen entstehen. Demnach muß der nach dem Tripelverfahren gefundene Logarithmus einer vierziffrigen zusammengesetzten Zahl in zwei Grenzen eingeschlossen werden können, deren Unterschied kleiner als

$$2\tfrac{1}{3} + 1 + \tfrac{1}{3} \text{ oder } 3\tfrac{2}{3}$$

eines Milliontel wird. Und, da nach der Tripelformel jede der beiden Grenzen des Logarithmus einer vierziffrigen Primzahl x das arithmetische Mittel der entsprechenden Grenzen von $\log(x-1)$ und $\log(x+1)$ ist, so muß auch der Grenzunterschied des Logarithmus einer vierziffrigen Primzahl kleiner als $3\tfrac{2}{3}$ eines Milliontel werden.

In derselben Weise erkennt man für jede fünfziffrige Zahl, daß ihr nach dem Tripelverfahren gefundener Logarithmus Grenzen zeigt, deren Unterschied kleiner als

$$3\tfrac{2}{3} + 1 + \tfrac{1}{3} \text{ oder fünf}$$

Milliontel wird. Bei einer sechsziffrigen Zahl ergibt sich in derselben Weise $6\tfrac{1}{3}$ eines Milliontels als höchster Grenzunterschied ihres Logarithmus, bei einer siebenziffrigen Zahl $7\tfrac{2}{3}$ eines Milliontels, bei einer achtziffrigen Zahl das Neunfache eines Milliontels.

Nun hat es aber keinen Sinn mehr, den Logarithmus einer achtziffrigen Zahl b zu berechnen, wenn die gesuchte Mantisse nur fünfstellig werden soll, weil dann die Mantisse des Logarithmus von b schon auf sechs Stellen mit der Mantisse des Logarithmus derjenigen Zahl a übereinstimmt, die man erhält, wenn man die letzten beiden Ziffern von a einfach fortläßt, falls sie eine Zahl bilden, die kleiner als fünfzig ist, oder, falls sie eine Zahl bilden, die größer als fünfzig ist, die beiden letzten Stellen zwar auch fortläßt, aber die sechste Ziffer um 1 erhöht. Es geht dies aus der folgenden Überlegung hervor.

In § 3 ist bewiesen, daß

$$\log\left(1 + \frac{1}{w}\right) < \frac{c}{w}$$

ist, und daß $c < \dfrac{1}{2}$ ist. Bezeichnet man daher das f-fache der Zahl w mit z, so ergibt sich:

$$\log\left(1 + \frac{f}{z}\right) < \frac{1}{2} \cdot \frac{f}{z} \cdot$$

Nimmt man nun an, daß f eine einziffrige Zahl ist, und ersetzt z durch $10a$, so erhält man:

$$\log\left(1+\frac{f}{10a}\right)<\frac{1}{2}\cdot\frac{f}{10a}$$

oder:

$$\log\frac{10a+f}{10a}<\frac{1}{2}\cdot\frac{f}{10a},$$

oder, da f einziffrig sein sollte, erst recht:

$$\log(10a+f)-\log(10a)<\frac{1}{2}\cdot\frac{1}{a}.$$

Wenn nun a $m-1$ Ziffern, also $b=10a+f$ m Ziffern hat, so ist a größer als 10^{m-2}, also $\frac{1}{a}<\frac{1}{10^{m-2}}$, und deshalb müssen die ersten $m-2$ Dezimalstellen der Mantissen von $\log(10a)$ und von $\log(10a+f)$ oder, was dasselbe ist, von $\log a$ und von $\log(10a+f)=\log b$ übereinstimmen, ein Resultat, aus dem für $m=8$ die Richtigkeit der obigen Bemerkung hervorgeht.

Wir können daher das folgende Resultat unserer Untersuchung aussprechen:

Das Tripelverfahren reicht aus, um für den Logarithmus jeder beliebigen Zahl eine obere und eine untere Grenze zu finden, so daß der Unterschied dieser Grenzen höchstens $7\frac{2}{3}$ eines Milliontel werden kann.

§ 10. Das Interpolationsverfahren.

Wenn die Logarithmen der vierziffrigen Zahlen berechnet vorliegen, d. h., nach den vorangehenden Paragraphen, für jeden Logarithmus eine obere und eine untere Grenze gefunden ist, so daß diese Grenzen möglichst wenig voneinander abweichen, so können i. a. die Logarithmen der fünfziffrigen Zahlen aus den Logarithmen der vierziffrigen Zahlen bequemer berechnet werden, als es durch das Tripelverfahren geschieht, und zwar dadurch, daß man $\log(z+f)$ aus $\log z$ und $\log(z+10)$ und der einziffrigen Zahl f durch die folgende Schlußweise berechnet: Wenn z um zehn wächst, wächst $\log z$ um:

$$\log(z+10)-\log z.$$

Folglich muß $\log z$ nur um

$$\frac{f}{10}[\log(z+10)-\log z]$$

wachsen, wenn z statt um zehn nur um f wächst.

In einem Buche, wie dem vorliegenden, das eine elementare Berechnung der Logarithmen lehrt, muß die Berechtigung dieser Schlußweise kritisch beleuchtet werden. Es kann dies auf folgende Weise geschehen.

Die Formel (9) des § 3 lautet:

$$\frac{c}{u+1}<\log\left(1+\frac{1}{u}\right)<\frac{c}{u}. \tag{1}$$

Setzt man nun $f\cdot u=z$, so erhält man:

$$\frac{c\cdot f}{z+f}<\log\left(1+\frac{f}{z}\right)<\frac{c\cdot f}{z}. \tag{2}$$

Hierbei hat man sich f als kleine Zahl, etwa einziffrig, z als große Zahl, etwa vier- oder fünfziffrig vorzustellen. Bezeichnet nun g eine zweite kleine Zahl, so muß auch die Ungleichung richtig sein, die aus (3) hervorgeht, wenn man g statt f schreibt und die Ungleichung umkehrt, also:

$$\frac{c\cdot g}{z}>\log\left(1+\frac{g}{z}\right)>\frac{c\cdot g}{z+g}. \tag{3}$$

Dividiert man nun (2) durch (3), so erhält man:

$$\frac{f}{z+f}\cdot\frac{z}{g}<\frac{\log(z+f)-\log z}{\log(z+g)-\log z}<\frac{f}{z}\cdot\frac{z+g}{g} \tag{4}$$

oder:

$$\frac{f}{g}\cdot\frac{z}{z+f}<\frac{\log(z+f)-\log z}{\log(z+g)-\log z}<\frac{f}{g}\cdot\frac{z+g}{z}. \tag{5}$$

Nun kann man $\frac{z}{z+f}$ durch $1-\frac{f}{z+f}$ und $\frac{z+g}{z}$ durch $1+\frac{g}{z}$ ersetzen. Dann erhält man, nach Multiplikation mit dem Nenner $\log(z+g)-\log z$:

$$\begin{aligned}\frac{f}{g}\cdot\left[1-\frac{f}{z+f}\right][\log(z+g)-\log z]&<\log(z+f)-\log z\\&<\frac{f}{g}\cdot\left[1+\frac{g}{z}\right][\log(z+g)-\log z].\end{aligned} \tag{6}$$

Addiert man beiderseits $\log z$ und ersetzt g durch die Zahl 10, so erhält man:

$$\log z + \frac{f}{10}[\log(z+10) - \log z]$$

$$(7) \qquad - \frac{f}{10} \cdot \frac{f}{z+f}[\log(z+10) - \log z] < \log(z+f) < \log z$$

$$+ \frac{f}{10}[\log(z+10) - \log z] + \frac{f}{z}[\log(z+10) - \log z].$$

Wenn man also:

$$\log(z+f) \text{ gleich } \log z + \frac{f}{10}[\log(z+10) - \log z]$$

setzt, wie es bei dem Interpolationsverfahren geschieht, so begeht man einen Fehler. Um die Größe dieses Fehlers schätzen zu können, vereinfachen wir noch die Ungleichung (7), indem wir links vom ersten Kleinerzeichen Kleineres, rechts vom zweiten Kleinerzeichen Größeres setzen, benutzend, daß $0 < f < 10$ ist. Dann entsteht:

$$\log z + \frac{f}{10}[\log(z+10) - \log z]$$

$$(8) \qquad - \frac{10}{z}[\log(z+10) - \log z] < \log(z+f) < \log z$$

$$+ \frac{f}{10}[\log(z+10) - \log z] + \frac{10}{z}[\log(z+10) - \log z].$$

Da auf der linken Seite des ersten Ungleichheitszeichens das Negative von

$$\frac{10}{z}[\log(z+10) - \log z]$$

steht, rechts das Positive derselben Größe steht, so ist der beim Interpolationsverfahren begangene Fehler sicher kleiner als das Doppelte dieser Größe, also kleiner als:

$$\frac{20}{z}[\log(z+10) - \log z].$$

Nun ist aber nach § 3:

$$\log(z+10) - \log z = \log\left(1 + \frac{z}{10}\right) < \frac{1}{2} \cdot \frac{10}{z}.$$

Also ist der bei der Interpolation begangene Fehler kleiner als:

$$\frac{20}{z} \cdot \frac{1}{2} \cdot \frac{10}{z} \text{ oder } \frac{100}{z^2}.$$

Wenn nun z m Ziffern besitzt, also gleich oder größer als 10^{m-1} ist, so ist der bei der Interpolation begangene Fehler kleiner als:

$$\frac{100}{10^{2m-2}} \text{ oder } \frac{1}{10^{2m-4}}.$$

Für $m = 4$, also $2m - 4$ auch gleich 4, erhält man z. B., daß, wenn die Logarithmen aller vierstelligen Zahlen auf vier Dezimalstellen berechnet vorliegen, die Interpolation auch die Logarithmen aller fünfstelligen Zahlen auf vier Dezimalstellen mit Sicherheit ergeben muß. Für $m = 5$, also $2m - 4 = 6$, aber erhält man, daß, wenn die Logarithmen aller fünfstelligen Zahlen auf sechs Dezimalstellen berechnet vorliegen, man durch Interpolation auch die Logarithmen aller sechsstelligen Zahlen auf sechs Dezimalstellen erhalten muß. Die meisten jetzt üblichen Tafeln enthalten die Logarithmen aller vierziffrigen Zahlen auf fünf Dezimalstellen und sollen durch Interpolation auch die Logarithmen aller fünfstelligen Zahlen auf fünf Dezimalstellen ergeben. Nach dem Obigen kann man sich dabei sicher auf die vierte Dezimalstelle verlassen. Damit auch die fünfte Dezimalstelle aus einer solchen Tafel erhalten werden kann, sind gewöhnlich die fünf- oder sechsstelligen Logarithmen der kleinsten fünfstelligen Zahlen hinzugefügt, und zwar nur der kleinsten, da, wie auch aus dem Obigen hervorgeht, der bei der Interpolation entstehende Fehler bei den kleinsten Zahlen am größten wird, bei den größeren Zahlen aber so klein wird, daß er die fünfte Dezimalstelle nicht mehr beeinflussen kann.

§ 11. Die Elimination der Konstanten *d*.

Durch die Tripelformel (§ 4) werden die Logarithmen dreier aufeinanderfolgender Zahlen $x - 1$, x, $x + 1$ und die Konstante d miteinander verbunden. Wenn man die Tripelformel weiter auf das folgende Tripel x, $x + 1$, $x + 2$ anwendet, erhält man eine zweite Ungleichung, und es liegt dann nahe, die Konstante d zu eliminieren. Dadurch muß man eine von dieser Konstanten d freie Ungleichung zwischen den Logarithmen von vier aufeinanderfolgenden Zahlen $x-1$, x, $x+1$, $x+2$ erhalten. Nach der Tripelformel besteht die folgende Ungleichung:

$$(1)\quad \frac{d}{2x^2-1} < 2\log x - \log(x-1) - \log(x+1) < \frac{d}{2x^2-1} + \frac{d}{(2x^2-1)\cdot 7\cdot(x^2-1)}.$$

Wir ersetzen x durch $x+1$, und erhalten dadurch die folgende Ungleichung zwischen d, x, $x+1$, $x+2$:

$$(2)\quad \frac{d}{2x^2+4x+1} < -\log x + 2\log(x+1) - \log(x+2) < \frac{d}{2x^2+4x+1} + \frac{d}{(2x^2+4x+1)\cdot 7\cdot(x^2+2x)}$$

oder:

$$(3)\quad \frac{d}{2x^2+4x+1} < -\log x + 2\log(x+1) - \log(x+2) < \frac{d\cdot(7x^2+14x+1)}{(2x^2+4x+1)\cdot 7\cdot(x^2+2x)}$$

oder:

$$(4)\quad 1 < \frac{[-\log x + 2\log(x+1) - \log(x+2)]\,(2x^2+4x+1)}{d} < \frac{7x^2+14x+1}{7x^2+14x}.$$

Ersetzen wir nun in (4) x durch $x+1$, und schreiben die entstandene Ungleichung umgekehrt, so erhalten wir:

$$(5)\quad \frac{7x^2+28x+22}{7x^2+28x+21} > \frac{[-\log(x+1)+2\log(x+2)-\log(x+3)]\,(2x^2+8x+7)}{d} > 1.$$

Dividiert man nun (4) durch (5), so erhält man:

$$(6)\quad \frac{7x^2+28x+21}{7x^2+28x+22} < \frac{-\log x + 2\log(x+1) - \log(x+2)}{-\log(x+1)+2\log(x+2)-\log(x+3)} \cdot \frac{2x^2+4x+1}{2x^2+8x+7} < \frac{7x^2+14x+1}{7x^2+14x}$$

oder:

$$(7)\quad 1-\frac{1}{7x^2+28+22}<\frac{-\log x+2\log(x+1)-\log(x+2)}{-\log(x+1)+2\log(x+2)-\log(x+3)}\cdot\frac{2x^2+4x+1}{2x^2+8x+7}<1+\frac{1}{7x^2+14x}.$$

Man konnte nun vermöge dieser Ungleichung (7) $\log(x+2)$ in zwei Grenzen Grenzen einschließen, welche, außer $\log x$, $\log(x+1)$, $\log(x+3)$ nur noch x enthalten, und von denen die eine kleiner als $\log(x+2)$, die andere größer als $\log(x+2)$ ist. Man hätte dann auch, wenn $x+2$ eine Primzahl p wäre, $\log p$ in zwei Grenzen eingeschlossen, welche nur p, $\log(p+1)$, $\log(p-1)$, $\log(p-2)$ enthielten. Da bei einer planmäßigen (vgl. § 2) Berechnung der Logarithmen $\log(p-1)$ und $\log(p-2)$ berechnet vorliegen müssen, wenn der Logarithmus der Primzahl p gesucht wird, und da $\log(p+1)$ als Logarithmus einer geraden Zahl gleichfalls als bekannt anzusehen ist, wenn $\log p$ gesucht wird, so könnte die Ungleichung (7) zur Grundlage einer Berechnung von Logarithmen dienen. Doch verzichten wir darauf, diesen Weg weiter zu verfolgen, weil im dritten Abschnitt ein noch viel bequemerer Weg gelehrt wird, um den Logarithmus jeder Primzahl p in zwei Grenzen einzuschließen, von denen jede allein von den Logarithmen von Primzahlen abhängt, die kleiner als p sind, ein Weg, der gleichfalls die Größe der Konstante d gar nicht benutzt.

Doch wollen wir den Umstand benutzen, daß in der Ungleichung (7) die untere Grenze bei nicht gar zu kleinem x ganz wenig kleiner als eins, während die obere Grenze ganz wenig größer als eins ist, und deshalb den in solche Grenzen eingeschlossenen Ausdruck gleich eins setzen. Dann erhalten wir, ähnlich wie in § 5, wo auch mit nahezu richtigen Gleichungen gerechnet ist, eine nahezu richtige Gleichung aus (7), nämlich:

$$(8)\quad \frac{-\log x+2\log(x+1)-\log(x+2)}{-\log(x+1)+2\log(x+2)-\log(x+3)}=\frac{2x^2+8x+7}{2x^2+4x+1}.$$

Durch Fortschaffung der Brüche erhält man hieraus die nahezu richtige Gleichung:

$$(9)\quad -(2x^2+4x+1)\cdot\log x+(6x^2+16x+9)\cdot\log(x+1)$$
$$-(6x^2+20x+15)\cdot\log(x+2)+(2x^2+8x+7)\log(x+3)=0.$$

Dieser Gleichung geben wir eine mehr symmetrische Gestalt, wenn wir die ganzen Funktionen von x, mit denen die vier Logarithmen der vier Zahlen x, $x+1$, $x+2$, $x+3$ multipliziert erscheinen, durch die beiden mittleren dieser vier Zahlen, also durch $x+1$ und $x+2$ ausdrücken. So erscheint aus (9) die nahezu richtige Gleichung:

$$(10)\quad \begin{aligned} &-[2(x+1)(x+2)-(x+1)-(x+2)]\log x \\ &+[6(x+1)(x+2)-(x+1)-(x+2)]\log(x+1) \\ &-[6(x+1)(x+2)+(x+1)+(x+2)]\log(x+2) \\ &+[2(x+1)(x+2)+(x+1)+(x+2)]\log(x+3)=0. \end{aligned}$$

Wenn man in (9) x durch $x+1$ ersetzt, so erhält man eine zweite Gleichung zwischen $\log(x+1)$, $\log(x+2)$, $\log(x+3)$, $\log(x+4)$. Wenn man aus (9) und der so erhaltenen Gleichung die Größe x^2 eliminiert, so erhält man eine Gleichung zwischen

$$\log x,\ \log(x+1),\ \log(x+2),\ \log(x+3),\ \log(x+4)$$

dergestalt, daß die ganzen Funktionen, mit denen diese fünf Logarithmen multipliziert erscheinen, ersten Grades sind. Da fünf Zahlen eine Mittelzahl haben, so ersetzen wir dann x durch $z-2$ und erhalten auf solche Weise die elegante und nahezu richtige Gleichung:

$$(11)\quad \begin{aligned} &(2z+1)\log(z-2)-2(4z+1)\log(z-1)+12z\log z \\ &-2(4z-1)\log(z+1)+(2z-1)\log(z+2)=0. \end{aligned}$$

Es ist naheliegend, auf dem soeben beschrittenen Wege fortzufahren, indem man in (11) z durch $z+1$ ersetzt, um aus der so gewonnenen Gleichung und aus (11) nun auch noch z zu eliminieren, und so eine Gleichung zwischen den Logarithmen der fünf aufeinanderfolgenden Zahlen:

$$z-2,\ z-1,\ z,\ z+1,\ z+2,\ z+3$$

zu erhalten. Diese lautet:

$$(12)\quad \begin{aligned} &\log(z-2)-5\log(z-1)+10\log z-10\log(z+1) \\ &+5\log(z+2)-\log(z+3)=0. \end{aligned}$$

Hier erscheinen endlich die Zahlen, mit denen die sechs Logarithmen multipliziert werden, ganz unabhängig von

z, es sind der Reihe nach die Zahlen:

$$1,\ 5,\ 10,\ 10,\ 5,\ 1.$$

Wir fügen noch ein Beispiel hinzu, indem wir in (12) $z = 22$ setzen. Dann erhalten wir:

$$\log 20 - 5\log 21 + 10\log 22 - 10\log 23 + 5\log 24 - \log 25 = 0.$$

Diese Gleichung kann sehr wohl benutzt werden, um $\log 23$ zu berechnen, wenn $\log 20$, $\log 21$, $\log 22$, $\log 24$, $\log 25$, d. h. wenn $\log 2$, $\log 3$, $\log 7$ und $\log 11$ berechnet vorliegen. Man erhält:

$$\log 23 = \log 22 + \frac{1}{2}\left[\log 24 - \log 21\right] - \frac{1}{10}\left[\log 25 - \log 20\right]$$

Wir entnehmen die fünf Logarithmen, durch die wir $\log 23$ ausgedrückt haben, den in § 6 und § 7 aufgestellten Listen, indem wir auf fünf Stellen abrunden. So kommt:

$$\log 22 = 1{,}34242;\ \log 24 = 1{,}38021;\ \log 21 = 1{,}32222;$$
$$\log 25 = 1{,}39794;\ \log 20 = 1{,}30103.$$

Durch Einsetzen erhalten wir:

$$\log 23 = 1{,}34242 + 0{,}02900 - 0{,}00969 = 1{,}36173.$$

Hier sind alle fünf Dezimalstellen richtig.

Wenn man in (9) die ersten Potenzen von x gegenüber den Quadraten vernachlässigt, was um so eher gestattet ist, je größer x ist, so erhält man, nachdem man durch x^2 dividiert hat:

$$-2\log x + 6\log(x+1) - 6\log(x+2) + 2\log(x+3) = 0$$

oder:

$$(13)\qquad -\log x + 3\log(x+1) - 3\log(x+2) + \log(x+3) = 0.$$

Wenn man zweitens in (11) $2z+1$, $4z+1$, $4z-1$, $2z-1$ beziehungsweise durch

$$2z,\ 4z,\ 4z,\ 2z$$

ersetzt, und dann durch $2z$ dividiert, erhält man:

$$(14)\quad \log(z-2) - 4\log(z-1) + 6\log z - 4\log(z+1) + \log(z+2).$$

Wir erkennen also, daß die Koeffizienten der Logarithmen der aufeinanderfolgenden Zahlen in der Tripelformel, in (13), in (14) und in (12) geschrieben werden können:

$$\begin{gathered} -1,\ +2,\ -1 \\ -1,\ +3,\ -3,\ +1 \\ -1,\ +4,\ -6,\ +4,\ -1 \\ -1,\ +5,\ -10, +10,\ -5,\ +1. \end{gathered}$$

Man kann so beliebig weitergehen, indem man in (12) z durch $z+1$ ersetzt und die so erhaltene Gleichung von (12) subtrahiert. Wenn man x statt $z-2$ schreibt, erhält man:

$$\begin{aligned} &-\log x + (1+5)\log(x+1) - (5+10)\log(x+2) \\ &+ (10+10)\log(x+3) - (10+5)\log(x+4) \\ &+ (5+1)\log(x+5) - \log(x+6) = 0 \end{aligned}$$

oder:

$$(15)\quad \begin{aligned} &-\log x + 6\log(x+1) - 15\log(x+2) + 20(x+3) \\ &-15\log(x+4) + 6\log(x+5) - \log(x+6) = 0. \end{aligned}$$

Jeder Koeffizient einer auf solche Weise entstandenen Gleichung setzt sich aus zweien von den Koeffizienten der vorhergehenden Gleichung zusammen. Die Koeffizienten haben also dasselbe Bildungsgesetz, wie die in § 1 besprochenen Binomialkoeffizienten. Man kann daher die folgende allgemeinere Gleichung vermuten:

$$(16)\quad \begin{aligned} &-\log x + n_1\log(x+1) - n_2\log(x+2) + n_3\log(x+3) \\ &-n_4\log(x+4) + \ldots \qquad -(-1)^n\log(x+n) = 0, \end{aligned}$$

wo n_i den Binominalkoeffizienten bedeutet, der gleich

$$\frac{n!}{i!\,(n-i)!}$$

ist. Die Gleichung (16) ist oben keineswegs bewiesen, da der Ausgangspunkt eine nahezu richtige Gleichung war. Im dritten Abschnitt jedoch wird streng bewiesen, daß die linke Seite von (16), nämlich:

$$y = -\log x + n_1 \cdot \log(x+1) - n_2 \cdot \log(x+2)$$
$$+ \ldots + (-1)^n n_{n-1} \cdot \log(x+n-1) - (-1)^n \cdot \log(x+n)$$

immer positiv bleibt, wie groß auch x oder n gewählt werde, sich aber sowohl bei wachsendem x als auch bei wachsendem n mehr und mehr der Null nähert. Dieser in § 12 bewiesene Satz wird nun im dritten Abschnitt der Ausgangspunkt einer neuen Methode, um Logarithmen zu berechnen. Diese Methode ist viel einfacher als das oben besprochene Tripelverfahren, ist jedoch zur Gewinnung von Grenzen mit kleinem Unterschied praktisch nur anwendbar, wenn für die Logarithmen der kleineren Primzahlen schon Grenzen berechnet vorliegen.

III. Abschnitt.

Die Methode der Binomialkoeffizienten.

§ 12. Ein Satz über die mit Binomialkoeffizienten multiplizierten Logarithmen aufeinanderfolgender Zahlen.

Die Identität

$$\frac{1}{x}-\frac{1}{x+1}=\frac{1}{x(x+1)} \tag{1}$$

gilt für alle Werte von x, also auch, wenn man $x+1$ statt x schreibt. Dann aber kommt:

$$\frac{1}{x+1}-\frac{1}{x+2}=\frac{1}{(x+1)(x+2)}. \tag{2}$$

Subtrahiert man (2) von (1), so erhält man:

$$\frac{1}{x}-\frac{2}{x+1}+\frac{1}{x+2}=\frac{x+2-x}{x(x+1)(x+2)}=\frac{2}{x(x+1)(x+2)}. \tag{3}$$

Da auch diese Identität für alle Werte von x gilt, so ist sie auch richtig, wenn man in ihr $x+1$ statt x schreibt. So kommt:

$$\frac{1}{x+1}-\frac{2}{x+2}+\frac{1}{x+3}=\frac{2}{(x+1)(x+2)(x+3)}. \tag{4}$$

Wenn man nun (4) von (3) subtrahiert, erhält man:

$$\frac{1}{x}-\frac{3}{x+1}+\frac{3}{x+2}-\frac{1}{x+3}=\frac{2}{x(x+1)(x+2)}$$
$$-\frac{2}{(x+1)(x+2)(x+3)}=\frac{2\,[(x+3)-x]}{x(x+1)(x+2)(x+3)}$$
$$=\frac{3!}{x(x+1)(x+2)(x+3)}.$$

So beliebig weitergehend, gelangt man zu der Identität:

$$
(5)\quad \begin{aligned} &\frac{1}{x}-\frac{n_1}{x+1}+\frac{n_2}{x+2}-\frac{n_3}{x+3}+\ldots+(-1)^n\cdot\frac{n_n}{x+n} \\ &=\frac{n!}{x(x+1)(x+2)\ldots(x+n)}\,. \end{aligned}
$$

Die mit (5) bezeichnete Identität ist nun für jeden Wert von n bewiesen, wenn man unter der Voraussetzung, daß sie für n richtig ist, ableiten kann, daß sie auch für $n+1$ richtig ist. Diese Ableitung erhält man aber, wenn man von der Identität (5) diejenige Identität subtrahiert, die aus ihr hervorgeht, wenn man $x+1$ statt x setzt. In der Tat ist:

$$
(6)\quad \begin{aligned} &\left[\frac{1}{x}-\frac{n_1}{x+1}+\frac{n_2}{x+2}-\ldots+(-1)^n\cdot\frac{n_n}{x+n}\right] \\ &-\left[\frac{1}{x+1}-\frac{n_1}{x+2}+\frac{n_2}{x+3}\qquad+(-1)^n\cdot\frac{n_n}{x+n+1}\right] \\ &=\frac{1}{x}-\frac{1+n_1}{x+1}+\frac{n_1+n_2}{x+2}-\frac{n_2+n_3}{x+3}\ldots \\ &+(-1)^n\cdot\frac{n_{n-1}+n_n}{x+n}-(-1)^n\cdot\frac{n_n}{x+n+1}\,. \end{aligned}
$$

Nun ist, wie auch in § 1 besprochen ist:

$$
\begin{aligned} n_i+n_{i+1}&=\frac{n!}{i!\,(n-i)!}+\frac{n!}{(i+1)!\,(n-i-1)!} \\ &=\frac{n!\,(i+1)}{(i+1)!\,(n-i)!}+\frac{n!\,(n-i)}{(i+1)!\,(n-i)!}=\frac{n!\,[i+1+n-i]}{(i+1)!\,(n-i)!} \\ &=\frac{n!\,(n+1)}{(i+1)!\,(n-i)!}=\frac{(n+1)!}{(i+1)!\,(n-i)!}=(n+1)_{i+1}. \end{aligned}
$$

Demnach kann man die rechte Seite von (6) ersetzen durch:

$$
\begin{aligned} &\frac{1}{x}-\frac{(n+1)_1}{x+1}+\frac{(n+1)_2}{x+2}-\frac{(n+1)_3}{x+3}+\ldots \\ &+(-1)^n\cdot\frac{(n+1)_n}{x+n+1}+(-1)^{n+1}\cdot\frac{(n+1)_{n+1}}{x+n+1}\,. \end{aligned}
$$

Hiermit ist aus der Annahme, daß die Identität (5) für die Zahl n richtig ist, abgeleitet, daß sie auch für die nächst größere Zahl $n+1$ richtig ist, wodurch sie nunmehr für jede beliebige ganze Zahl n bewiesen ist. Als Beispiel setzen wir $n=7$. Dadurch erhalten wir:

$$\frac{1}{x}-\frac{7}{x+1}+\frac{21}{x+2}-\frac{35}{x+3}+\frac{35}{x+4}-\frac{21}{x+5}+\frac{7}{x+6}-\frac{1}{x+7}$$
$$=\frac{7!}{x(x+1)(x+2)(x+3)\ldots(x+7)}=\frac{5040}{x(x+1)(x+2)\ldots(x+7)}.$$

Wir gehen nun erstens davon aus, daß für positive x

$$\frac{x+1}{x}=1+\frac{1}{x}>1$$

ist, woraus durch Logarithmieren folgt:

$$-\log x+\log(x+1)>0,$$

und zweitens auch davon, daß

$$\frac{x+1}{x}=1+\frac{1}{x}$$

kleiner wird, wenn $x+1$ statt x gesetzt wird, weil

$$\frac{x+2}{x+1}=1+\frac{1}{x+1}$$

kleiner ist als

$$1+\frac{1}{x}$$

oder:

$$-\log(x+1)+\log(x+2)<-\log x+\log(x+1).$$

Wenn wir also von

$$y_1=-\log x+\log(x+1)$$

die Größe $-\log(x+1)+\log(x+2)$ subtrahieren, so subtrahieren wir eine positive Zahl, die aber kleiner ist als y_1. Also muß:

$$y_2=-\log x+2\log(x+1)-\log(x+2)$$

noch positiv, aber kleiner als y_1 sein. Daß auch y_2 mit wachsendem x immer kleiner wird, erkennt man aus den Identitäten:

$$\frac{(x+1)^2}{x(x+2)} = 1 + \frac{1}{x(x+2)}$$

$$\frac{(x+2)^2}{(x+1)(x+3)} = 1 + \frac{1}{(x+1)(x+3)},$$

wonach, weil $(x+1)(x+3) > x(x+2)$ ist,

$$\frac{(x+1)^2}{x(x+2)}$$

kleiner wird, wenn x größer wird, so daß auch der mit y_2 bezeichnete Logarithmus von $\frac{(x+1)^2}{x(x+2)}$ kleiner werden muß, wenn x größer wird.

Daß nun auch allgemein:

$$(7) \quad y_n = -\log x + n_1 \cdot \log(x+1) - n_2 \cdot \log(x+2) + \ldots \\ -(-1)^n \cdot \log(x+n)$$

kleiner wird, wenn x größer wird, kann mit Benutzung der oben mit (5) bezeichneten Identität bewiesen werden.

In § 3 ist nämlich am Schluß bewiesen, daß, wenn x um ε größer wird,

$$\log x \text{ um } \frac{c\,\varepsilon}{x}$$

größer wird, wo unter ε eine unendlich kleine Größe zu verstehen ist, und wo c eine Konstante ist, die nach § 3 zwischen $\frac{1}{2}$ und $\frac{1}{3}$ liegt. Wenn wir demgemäß in (6) x um ε wachsen lassen, so erhalten wir die Größe, um welche dadurch y_n geändert ist, indem wir in (6)

$$\log x \text{ durch } \frac{c\,\varepsilon}{x}, \ \log(x+1) \text{ durch } \frac{c\,\varepsilon}{x+1} \text{ usw.}$$

ersetzen. So ergibt sich die Veränderung:

$$-c\,\varepsilon\left[\frac{1}{x} - \frac{n_1}{x+1} + \frac{n_2}{x+2} - \ldots - (-1)^n \cdot \frac{1}{x+n}\right],$$

wofür nach (5) gesetzt werden kann:

$$\frac{-c\,\varepsilon\, n!}{x(x+1)(x+2)\ldots(x+n)};$$

demnach ist die Veränderung von y_n bei wachsendem x eine negative, d. h. y_n wird mit wachsendem x kleiner. Daß y_n auch mit wachsendem n immer kleiner wird, geht daraus hervor, daß y_{n+1} aus y_n entsteht, wenn man in y_n x durch $x+1$ ersetzt und die so entstehende Gleichung von der für y_n subtrahiert. In der Tat ist:

$$[-\log x + n_1 \cdot \log(x+1) - n_2 \cdot \log(x+2) + \dots - (-1)^n \log(x+n)]$$
$$- [-\log(x+1) + n_1 \cdot \log(x+2) - n_3 \cdot \log(x+3) + \dots - (-1)^n \log(x+n+1)],$$

woraus, unter Benutzung des schon oben bei der Ableitung der Identität (5) benutzten Satzes über die Summe zweier Binomialkoeffizienten, entsteht:

$$y_{n+1} = -\log x + (n+1)_1 \log(x+1) - (n+1)_2 \log(x+2) + \dots - (-1)^{n+1} \log(x+n+1).$$

Hiermit ist gezeigt, daß y_{n+1} aus y_n entsteht, indem man in dem Ausdruck für y_n $x+1$ statt x setzt und den dadurch entstandenen Ausdruck von dem für y_n subtrahiert. Da nach dem Obigen hierbei von y_n etwas subtrahiert wird, was kleiner ist als y_n, so muß y_{n+1} positiv sein, wenn es y_n ist, aber doch kleiner werden, als y_n. Demnach können wir den folgenden Satz aussprechen:

Der Ausdruck:

$$y_n = -\log x + n_1 \cdot \log(x+1) - n_2 \cdot \log(x+2) + \dots - (-1)^n \cdot \log(x+n)$$

ist stets positiv, welche positiven Zahlen man auch für x und für n setzen möge, wird aber sowohl bei wachsendem x als auch bei wachsendem n immer kleiner.

Da es zweckmäßig ist, diesem Satze, auf dem eine neue, sehr bequeme Methode zur Berechnung von Logarithmen beruht, einen kurzen Namen zu geben, so möchte ich hier den Namen „Sieglitz-Satz" für ihn gebrauchen, weil der Verfasser den obigen Beweis dieses Satzes am Sieglitzteich bei Oberhof gefunden hat. Schon nach § 11 war die Richtigkeit des Sieglitz-Satzes zu vermuten, nur konnte § 11 noch keinen Aufschluß darüber geben, ob überhaupt und in welcher

Weise y_n sich bei wachsendem x und bei wachsendem n der Null nähert. Der Sieglitz-Satz gilt offenbar nicht allein für die Funktion $\log x$, sondern auch für allgemeinere Funktionen. Doch gehört eine Untersuchung darüber, welche Eigenschaften eine Funktion haben muß, damit für sie der verallgemeinert gedachte Sieglitz-Satz besteht, nicht in dieses Buch, sondern in eine wissenschaftliche Zeitschrift. Obwohl mir Kenner der einschlägigen Literatur versichern, daß der Sieglitz-Satz neu sei, so bezweifle ich dies dennoch. Er ist gar zu einfach und zu elementar, um neu sein zu können. Ob er schon früher angewandt ist, um Logarithmen zu berechnen, weiß ich auch nicht. Wenn er jedoch schon früher zur Berechnung von Logarithmen gedient hat, so ist die auf ihm beruhende Methode sicher in Vergessenheit geraten und verdient wohl, von neuem an das Tageslicht gezogen zu werden. Der obige Beweis des Sieglitz-Satzes macht davon Gebrauch, daß $\log x$ um $\frac{c \cdot \varepsilon}{x}$ wächst, wenn x um ε wächst, wo ε unendlich klein ist. Wenn man ein solches Hineinziehen einer unendlich kleinen Größe, als nicht elementar genug, vermeiden will, so kann man ihn auch noch elementarer beweisen, indem man, mit Anwendung des binomischen Lehrsatzes, erkennt, daß nicht allein (vgl. die Betrachtung am Anfang dieses Paragraphen):

$$(x+1)^2 > x^1 (x+2)^1,$$

sondern auch:

$$(x+1)^3 (x+3) > x^1 (x+2)^3,$$

und weiter:

$$(x+1)^4 (x+3)^4 > x^1 (x+2)^6 (x+4)^1;$$
$$(x+1)^5 (x+3)^{10} (x+5) > x^1 (x+2)^{10} (x+4)^5$$

usw. ist, und indem man darauf jede dieser Ungleichungen logarithmiert. In der Tat erhält man dann aus der letzten dieser Ungleichungen:

$$y_5 = -\log x + 5\log(x+1) - 10\log(x+2) + 10\log(x+3) \\ - 5\log(x+4) + \log(x+5) > 0.$$

Und da y_5 auch aus y_4 entsteht, indem man y_4 um den Ausdruck vermindert, der entsteht, wenn man in y_4 x durch $x+1$ ersetzt, so kann man daraus, daß y_5 sich als positiv ergeben hat, schließen, daß y_4 mit wachsendem x kleiner wird.

Um einen derartigen elementareren Beweis des Sieglitz-Satzes zu erhalten, braucht man also nur durch binomische Entwicklung nachzuweisen, daß:

$$(x+1)^{n_1}\cdot(x+3)^{n_3}\cdots\cdot(x+n-1)^{n_{n-1}}$$
$$>x^1\cdot(x+2)^{n_2}\cdot(x+4)^{n_4}\cdots(x+n)^{n_n},$$

falls n gerade ist, und daß:

$$(x+1)^{n_1}\cdot(x+3)^{n_3}\cdots(x+n)^{n_n}$$
$$>x^1\cdot(x+2)^{n_2}\cdot(x+4)^{n_4}\cdots(x+n-1)^{n_{n-1}},$$

falls n ungerade ist.

Dies ist jedoch für größere n sehr mühsam, selbst, wenn man sich diese binomischen Entwicklungen möglichst vereinfacht, wie es z. B. geschieht, wenn man $(x+i)^2=z_i$ setzt, und daraus schließt, daß:

$$\begin{aligned} x(x+2)&=z_1-1,\\ (x+1)(x+3)&=z_2-1,\\ (x+2)(x+4)&=z_3-1,\\ (x+3)(x+5)&=z_4-1,\\ &\cdots\cdots\cdots \end{aligned}$$

gesetzt werden kann, so daß, um zu beweisen, daß:

$$(x+1)^3(x+3)>x^1(x+2)^3$$

ist, nur bewiesen zu werden braucht, daß:

$$z_1(z_2-1)>(z_1-1)\cdot z_2$$

ist, oder, was dasselbe ist, daß:

$$\left(1-\frac{1}{z_2}\right)>\left(1-\frac{1}{z_1}\right)$$

ist.

Dann kommt der Beweis von:

$$(x+1)^4(x+3)^4>x^1(x+2)^6(x+4)$$

darauf hinaus, zu beweisen, daß:

$$\left(1-\frac{1}{z_2}\right)^2>\left(1-\frac{1}{z_1}\right)\left(1-\frac{1}{z_3}\right).$$

Ferner kommt der Beweis von:

$$(x+1)^5(x+3)^{10}(x+5)>x^1(x+2)^{10}(x+4)^5$$

darauf hinaus, zu beweisen, daß:

$$\left(1-\frac{1}{z_2}\right)^3\left(1-\frac{1}{z_4}\right)>\left(1-\frac{1}{z_1}\right)\left(1-\frac{1}{z_3}\right)^3$$

sein muß usw. Aber auch die Einführung der Abkürzung

$$(x+i)^2=z_i$$

macht den elementareren Beweis des Sieglitz-Satzes für größer werdende n mühsam und kann niemals zu einem Beweise für ein allgemein gedachtes n führen, wie es der obige auf die Identität (5) gegründete Beweis tut. Doch bemerke ich, daß die auf dem Sieglitz-Satz beruhende Methode, Logarithmen zu berechnen, diesen Satz meist nur für kleine n, höchstens für $n=9$, 10 oder 11 braucht, aber nie für ein ganz allgemein gehaltenes n, so daß es im Notfall ausreicht, wenn man ihn nur für kleine n durch binomische Entwicklung beweist. Für $n=6$ wird man beispielsweise die sieben aufeinanderfolgenden Zahlen, deren Logarithmen durch den Sieglitz-Satz miteinander verbunden werden, mit:

$$u-3, u-2, u-1, u, u+1, u+2, u+3$$

bezeichnen, so daß zu beweisen wäre:

$$y_6=-\log(u-3)+6\log(u-2)-15\log(u-1)+20\log u \\ -15\log(u+1)+6\log(u+2)-\log(u+3)>0.$$

Man hätte also dann nur nötig, durch binomische Entwicklung nachzuweisen, daß:

$$u^{20}(u^2-4)^6>(u^2-1)^{15}(u^2-9)$$

ist.

§ 13. Die Auffindung zweier Grenzen für einen gesuchten Logarithmus bei Anwendung der Sieglitz-Methode.

Der in § 12 bewiesene und als Sieglitz-Satz bezeichnete Satz sagt aus, daß ein von der ganzen Zahl n abhängiger und die Logarithmen aufeinanderfolgender ganzer Zahlen $x, x+1, x+2, \ldots$ enthaltender Ausdruck immer positiv bleibt, sich aber mit wachsendem x und mit wachsendem n der Null nähert. Da in diesem Ausdruck die Vorzeichen abwechseln, so muß er auch zu einer oberen und einer unteren Grenze eines als noch unbekannt gedachten Logarithmus führen. Zu diesem Zwecke muß man ihn zweimal anwenden, und zwar am besten auf zwei aufeinanderfolgende Zahlen n. Die auf der Anwendung des Sieglitz-Satzes beruhende Methode, Logarithmen zu berechnen, wollen wir als Sieglitz-Methode bezeichnen. Bei einer planmäßigen (§ 2) Berechnung der Logarithmen sind für die Berechnung von $\log x$, wo x Primzahl ist, als bekannt anzusehen: erstens die Logarithmen aller Zahlen, die $< x$ sind, zweitens auch die Logarithmen aller derjenigen x übertreffenden, zusammengesetzten Zahlen, die lediglich Primfaktoren enthalten, die $< x$ sind. Beispielsweise kann bei der Berechnung von log 23 der Logarithmus jeder Zahl als bekannt angesehen werden, die < 23 ist, sowie auch die Logarithmen aller derjenigen zusammengesetzten unter den Zahlen, die > 23 sind, die nur Primfaktoren haben, die < 23 sind. Da der Sieglitz-Satz von den Logarithmen aufeinanderfolgender ganzer Zahlen handelt, so ist für uns nur wichtig, daß bei der Berechnung von log 23 als bekannt angesehen werden können:

$$\log 24,\ \log 25,\ \log 26,\ \log 27,\ \log 28.$$

Um bei Anwendung der Sieglitz-Methode die als bekannt anzusehenden einzelnen Grenzunterschiede der Logarithmen nicht zu vergrößern, muß man es so einrichten, daß der unbekannte und zu suchende Logarithmus einen Binomialkoeffizienten erhält, der nicht kleiner ist, als jeder andere vorkommende Binomialkoeffizient, und der also bei geradem n der mittlere ist, bei ungeradem n einer der beiden mittleren ist. Wir setzen deshalb, bei Anwendung der Sieglitz-Methode, $x = 18$, $n = 10$, und erhalten:

$$\begin{aligned}&-\log 18 + 10 \log 19 - 45 \log 20 + 120 \log 21 - 210 \log 22\\&+ 252 \log 23 - 210 \log 24 + 120 \log 25 - 45 \log 26\\&+ 10 \log 27 - \log 28 > 0\end{aligned}$$

oder:

$$(1)\quad \log 23 > \frac{210(\log 24 + \log 22) - 120(\log 25 + \log 21)}{252} \frac{\ldots + (\log 28 + \log 18)}{252}.$$

Wenn nun für jeden der hier vorkommenden Logarithmen eine obere und eine untere Grenze berechnet vorliegt, so hat man bei

$$\log 24,\ \log 22,\ \log 26,\ \log 20,\ \log 28,\ \log 18$$

die unteren Grenzen, dagegen bei

$$\log 25,\ \log 21,\ \log 27,\ \log 19$$

die oberen Grenzen einzusetzen, damit man auch sicher sei, daß die hiernach berechnete Zahl eine u n t e r e Grenze von log 23 werde. Um auch eine o b e r e Grenze für log 23 zu erhalten, setzen wir $x = 17$, $n = 11$. Dadurch erhalten wir:

$$-\log 17 + 11 \log 18 - 55 \log 19 + 165 \log 20 - 330 \log 21$$
$$+ 462 \log 22 - 462 \log 23 + 330 \log 24 - 165 \log 25$$
$$+ 55 \log 26 - 11 \log 27 + \log 28 > 0$$

oder:

$$\log 23 < \log 22$$
$$(2) \quad + \frac{330 (\log 24 - \log 21) - 165 (\log 25 - \log 20) + \ldots}{462}$$
$$\frac{+ (\log 28 - \log 17)}{462}.$$

Hier hat man bei:

$$\log 18,\ \log 20,\ \log 22,\ \log 24,\ \log 26,\ \log 28$$

die oberen Grenzen, dagegen bei

$$\log 17,\ \log 19,\ \log 21,\ \log 25,\ \log 27$$

die unteren Grenzen einzusetzen, um sicher zu sein, daß die rechts herauskommende Zahl eine obere Grenze von log 23 werde.

Rechnet man nun die soeben für log 23 angegebenen oberen und unteren Grenzen aus, indem man die Logarithmen der Zahlen

17, 18, 19, 20, 21, 22, 24, 25, 26, 27, 28

den in § 6 und § 7 berechneten Listen entnimmt, dabei aber immer genau nach den soeben angegebenen Vorschriften die obere bezüglich untere Grenze wählt, so erhält man:

$$1{,}3617\,2730 < \log 23 < 1{,}3617\,2845.$$

Wenn man in derselben Weise die Logarithmen noch größerer Primzahlen in Grenzen einschließt, so wird der

Grenzunterschied, der bei log 23 noch $115 : 10^8$ betrug, wegen des größer gewordenen x in der Sieglitz-Formel immer kleiner.

Es entsteht die Frage, ob die Sieglitz-Methode auch ausreicht, um Grenzen für die Logarithmen der aufeinanderfolgenden Primzahlen zu finden, falls noch kein Logarithmus berechnet vorliegt. Denn soeben bei der Berechnung von log 23 war vorausgesetzt, daß man die Grenzen für die Logarithmen der kleineren Primzahlen schon kennt. Wir hatten ja die nach der Tripel-Methode in § 6 und § 7 berechneten Logarithmen der Primzahlen:

$$2,\ 3,\ 5,\ 7,\ 11,\ 13,\ 17,\ 19$$

benutzt, indem wir die Grenzen den in diesen beiden Paragraphen berechneten Listen entnahmen. Die Antwort auf die soeben aufgeworfene Frage ist bejahend. Doch hat man entweder mühsame Eliminationen vorzunehmen, oder man muß auf die Kleinheit der Grenzunterschiede, wie sie die Tripelmethode ergibt, verzichten. Wem es genügt, zu erkennen, daß

$$0{,}300 < \log 2 < 0{,}305$$

ist, den wird die Sieglitz-Methode ohne weiteres befriedigen. Denn der Sieglitzsatz ergibt für $x = 3$, $n = 3$:

$$-\log 3 + 3 \log 4 - 3 \log 5 + \log 6 > 0$$

oder:

$$-\log 3 + 6 \log 2 - 3 + 3 \log 2 + \log 2 + \log 3 > 0$$

oder:

$$10 \log 2 > 3 \text{ oder } \log 2 > 0{,}300.$$

Um eine obere Grenze für log 2 zu erhalten, setze man ferner in der Sieglitz-Formel sowohl $x = 2$, $n = 4$, als auch $x = 1$, $n = 5$. Dann erhält man:

$$-\log 2 + 4 \log 3 - 6 \log 4 + 4 \log 5 - \log 6 > 0$$

und:

$$-\log 1 + 5 \log 2 - 10 \log 3 + 10 \log 4 \\ - 5 \log 5 + 6 \log 6 > 0$$

oder:

$$-\log 2 + 4 \log 3 - 12 \log 2 + 4 - 4 \log 2 \\ - \log 2 - \log 3 > 0$$

und:

$$-0+5\log 2-10\log 3+20\log 2-5+5\log 2 \\ +\log 2+\log 3>0,$$

woraus wir erhalten:

$$\begin{cases}-18\log 2+3\log 3+4>0\\ +31\log 2-9\log 3-5>0.\end{cases}$$

Multipliziert man die erste Ungleichung mit 3, und addiert dann die zweite Ungleichung, so erhält man:

$$-23\log 2+7>0 \text{ oder } \log 2<\frac{7}{23},$$

d. h.:

$$\log 2<0{,}305.$$

Demnach:

$$0{,}300<\log 2<0{,}305.$$

Die gefundenen Grenzen unterscheiden sich um $\frac{5}{1000}$ oder $\frac{1}{200}$. Dieser Grenzunterschied ist aber gar zu groß. Auch wird der Grenzunterschied, wenn schon erheblich kleiner, so doch immer noch zu groß, wenn man etwa die Sieglitz-Formel auf die Zahlen von 1 bis 10 anwendet, und dann log 7 eliminiert. Es ist vielmehr ratsam, nach der Tripel-Methode die Logarithmen der kleineren Primzahlen bis log 19 zu berechnen, von da an aber die Sieglitz-Methode in Kraft treten zu lassen, um enge Grenzen für den Logarithmus jeder größeren Primzahl zu berechnen. Für log 23 ist dies oben schon geschehen. Daß bei einer planmäßigen Berechnung der Logarithmen die Sieglitz-Methode zu Grenzen für die Logarithmen auch aller größeren Primzahlen führen muß, indem es immer gelingt, bei Anwendung der Sieglitz-Formel dem gesuchten Logarithmus den mittleren oder einen der beiden mittleren Koeffizienten zu verschaffen, wird im nächsten Paragraphen gezeigt werden.

§ 14. Auffindung von Grenzen für die Logarithmen aller Primzahlen bei planmäßigem Vorgehen.

Unter drei aufeinanderfolgenden ungeraden Zahlen, also etwa $m-2$, m, $m+2$, muß immer eine durch Drei teilbar sein. Folglich können drei aufeinanderfolgende ungerade Zahlen, wie $m-2$, m, $m+2$ nicht sämtlich Primzahlen sein. Wohl aber können drei solche Zahlen sämtlich zusammengesetzt sein, z. B. 91, 93, 95. Das Auftreten von ungeraden Primzahlen kann daher nur in zweierlei Weise stattfinden, erstens so, daß p Primzahl ist, während $p-2$ und $p+2$ zusammengesetzt sind, welcher Fall z. B. bei $p=37$ eintritt, zweitens so, daß $m-1$ und $m+1$ beide Primzahlen sind, welcher Fall z. B. bei $m=30$ eintritt, indem 29 und 31 beide Primzahlen sind. Im ersten Fall sagen wir, daß p eine „isolierte" Primzahl sei. Im zweiten Fall sagen wir, daß $m-1$ und $m+1$ „paarweise" auftretende Primzahlen sind.

Wenn die Primzahl p isoliert auftritt, so daß $p-2$ und $p+2$ zusammengesetzte Zahlen sind, so sind auch die drei auf p folgenden Zahlen:

$$p+1,\ p+2,\ p+3$$

sämtlich zusammengesetzt, da ja $p+1$ und $p+3$ gerade Zahlen sind. Deshalb muß, wenn $\log p$ planmäßig (vgl. § 2) berechnet wird, $\log(p-3)$, $\log(p-2)$, $\log(p-1)$, $\log(p+1)$, $\log(p+2)$, $\log(p+3)$ als schon berechnet vorliegen. Man wird daher dann zur Berechnung von $\log p$ den Sieglitzsatz anwenden, indem man $x=p-3$, $n=6$ setzt. Dann erhält man:

$$\begin{aligned}&-\log(p-3)+6\log(p-2)-15\log(p-1)+20\log p\\&-15\log(p+1)+6\log(p+2)-\log(p+3)>0\end{aligned}$$

oder:

$$\begin{aligned}20\log p > 15\,&[\log(p+1)+\log(p-1)]\\-6\,&[\log(p+2)+\log(p-2)]\\+\,&[\log(p+3)+\log(p-3)]\end{aligned}$$

oder:

$$\begin{aligned}\log p > &\frac{3}{4}[\log(p+1)+\log(p-1)]\\&-\frac{3}{10}[\log(p+2)+\log(p-2)] \qquad (1)\\&+\frac{1}{20}[\log(p+3)+\log(p-3)].\end{aligned}$$

Wenn man daher in (1) bei $p-3$, $p-1$, $p+1$, $p+3$ die unteren Grenzen ihrer Logarithmen wählt, bei $p-2$

und $p+2$ aber die oberen, so muß die Ungleichung (1) mit Sicherheit eine untere Grenze von $\log p$ liefern.

Eine obere Grenze erhält man, wenn man $x=p-4$ und $n=7$ in die Sieglitzformel einsetzt. Dann kommt:

$$\begin{aligned} &-\log(p-4)+7\log(p-3)-21\log(p-2)\\ &+35\log(p-1)-35\log p+21\log(p+1)\\ &\qquad -7\log(p+2)+\log(p+3)>0, \end{aligned}$$

woraus folgt:

$$\begin{aligned} 35\log p<35\log(p-1)&+21\left[\log(p+1)-\log(p-2)\right]\\ &-7\left[\log(p+2)-\log(p-3)\right]\\ &+\left[\log(p+3)-\log(p-4)\right] \end{aligned}$$

oder:

$$\begin{aligned} \log p<\log(p-1)&+\frac{3}{5}\left[\log(p+1)-\log(p-2)\right]\\ &-\frac{1}{5}\left[\log(p+2)-\log(p-3)\right]\\ &+\frac{1}{35}\left[\log(p+3)-\log(p-4)\right]. \end{aligned} \tag{2}$$

Wenn man nun in (2) bei $p-1$, $p+1$, $p-3$, $p+3$ die oberen Grenzen ihrer Logarithmen wählt, bei $p-2$, $p+2$, $p-4$ dagegen die unteren, so muß die Ungleichung (2) mit Sicherheit eine obere Grenze für $\log p$ ergeben.

Hiermit ist gezeigt, daß die Sieglitzmethode zu zwei Grenzen für den Logarithmus jeder isoliert auftretenden Primzahl p führt.

Wir haben nun den außerdem noch möglichen Fall zu besprechen, daß zwei Primzahlen $m-1$ und $m+1$ gepaart auftreten. Um auch in diesem Fall sowohl $\log(m-1)$ als auch $\log(m+1)$ in zwei Grenzen einschließen zu können, überlegen wir zunächst, daß, wenn $m-1$ und $m+1$ Primzahlen sind, $m+3$ durch Drei teilbar sein muß und ungerade, so daß $m+4$ gerade ist. Bei einem planmäßigen Berechnen der Logarithmen muß also

$$\begin{gathered} \log(m+4),\ \log(m+3),\ \log(m+2),\ \log m,\\ \log(m-2),\ \log(m-3),\ \log(m-4),\ \log(m-5) \end{gathered}$$

berechnet vorliegen, wenn $\log(m-1)$ und $\log(m+1)$ berechnet werden sollen. Demgemäß wenden wir den Sieglitzsatz dreimal an, indem wir setzen:

erstens:

$$x = m - 4, \; n = 8;$$

zweitens:

$$x = m - 3, \; n = 7;$$

drittens:

$$x = m - 5, \; n = 9.$$

Dadurch erhalten wir die folgenden drei Ungleichungen:

erstens:

$$\begin{aligned} & -\log(m-4) + 8\log(m-3) - 28\log(m-2) \\ & + 56\log(m-1) - 70\log m + 56\log(m+1) \\ & - 28\log(m+2) + 8\log(m+3) - \log(m+4) > 0; \end{aligned}$$

zweitens:

$$\begin{aligned} & -\log(m-3) + 7\log(m-2) - 21\log(m-1) \\ & + 35\log m - 35\log(m+1) + 21\log(m+2) \\ & - 7\log(m+3) + \log(m+4) > 0; \end{aligned}$$

drittens:

$$\begin{aligned} & -\log(m-5) + 9\log(m-4) - 36\log(m-3) \\ & + 84\log(m-2) - 126\log(m-1) + 126\log m \\ & - 84\log(m+1) + 36\log(m+2) - 9\log(m+3) \\ & + \log(m+4) > 0. \end{aligned}$$

Transponieren wir jetzt in diesen drei Ungleichungen die beiden Unbekannten $\log(m+1)$ und $\log(m-1)$, so erhalten wir:

$$\begin{aligned} & 56\log(m+1) + 56\log(m-1) > \log(m-4) \\ & - 8\log(m-3) + 28\log(m-2) + 70\log m \\ & + 28\log(m+2) - 8\log(m+3) + \log(m+4); \end{aligned} \tag{3}$$

$$\begin{aligned} & 35\log(m+1) + 21\log(m-1) < -\log(m-3) \\ & + 7\log(m-2) + 35\log m + 21\log(m+2) \\ & - 7\log(m+3) + \log(m+4); \end{aligned} \tag{4}$$

$$\begin{aligned} & 84\log(m+1) + 126\log(m-1) < -\log(m-5) \\ & + 9\log(m-4) - 36\log(m-3) + 84\log(m-2) \\ & + 126\log m + 36\log(m+2) - 9\log(m+3) \\ & \qquad + \log(m+4). \end{aligned} \tag{5}$$

Durch Eliminationen erhält man nun aus den soeben abgeleiteten drei Ungleichungen vier neue Ungleichungen, welche die obere und die untere Grenze von jeder der beiden Unbekannten $\log(m+1)$ und $\log(m-1)$ liefern. Wenn man nämlich erstens das Achtfache von (4) um das Dreifache von (3) vermindert, erhält man:

$$\begin{aligned} &112\log(m+1) < -3\log(m-4) + 16\log(m-3) \\ (6)\quad &-28\log(m-2) + 70\log m + 84\log(m+2) \\ &-32\log(m+3) + 5\log(m+4); \end{aligned}$$

wenn man zweitens vom Neunfachen der Ungleichung (3) das Vierfache von (5) subtrahiert, erhält man:

$$\begin{aligned} &168\log(m+1) > 4\log(m-5) - 27\log(m-4) \\ (7)\quad &+72\log(m-3) - 84\log(m-2) + 126\log m \\ &+108\log(m+2) - 36\log(m+3) + 5\log(m+4). \end{aligned}$$

Dividiert man (6) durch 112 bezw. (7) durch 168, so erhält man für $\log(m+1)$ eine obere bezw. eine untere Grenze.

Um auch zwei solche Grenzen für $\log(m-1)$ zu finden, hat man drittens das Zweifache von (5) um das Dreifache von (3) zu vermindern. Dadurch bekommt man:

$$\begin{aligned} (8)\quad &84\log(m-1) < -2\log(m-5) + 15\log(m-4) \\ &-48\log(m-3) + 84\log(m-2) + 42\log m - 12\log(m+2) \\ &+6\log(m+3) - \log(m+4). \end{aligned}$$

Man vermindere viertens das Fünffache von (3) um das Achtfache von (4), so erhält man:

$$\begin{aligned} (9)\quad &112\log(m-1) > 5\log(m-4) - 32\log(m-3) \\ &+84\log(m-2) + 70\log m - 28\log(m+2) + 16\log(m+3) \\ &-3\log(m+4). \end{aligned}$$

Dividiert man nun noch (8) durch 84 und (9) durch 112, so erhält man eine obere bezw. untere Grenze für die zweite Unbekannte $\log(m-1)$.

Die erhaltenen vier Grenzen für $\log(m+1)$ und $\log(m-1)$ zeigen zugleich, daß die als bekannt vorausgesetzten Logarithmen immer mit Zahlen multipliziert werden, die nicht größer als Eins sind, so daß die Fehler, die bei Angabe der bekannten Logarithmen gemacht sind, oder, was auf dasselbe hinauskommt, die Grenzunterschiede der bekannten Logarithmen nie erhöht werden. Bei der Anwendung der Formeln (1) und (2) für die Berechnung von Grenzen der Logarithmen isoliert auftretender Primzahlen, sowie der Formeln (6), (7), (8), (9) für die Berechnung von Grenzen für die Logarithmen paarweise auftretender Primzahlen wird man finden, daß man, behufs Auffindung von Grenzen mit kleinem Unterschied, am besten tut, die im II. Abschnitt gelehrte Tripelmethode nur bei log 2, log 3, log 5, log 7, log 11, log 13 und vielleicht noch bei log 17 und log 19 anzuwenden, dann aber bei allen größeren Primzahlen die neue Methode anzuwenden. Wenn die Primzahlen, für deren Logarithmen Grenzen gesucht werden, die Zahl Hundert überschreiten, braucht man die Sieglitz-Formel gar nicht mehr für $n = 6, 7, 8$ oder 9 anzuwenden, sondern es reicht dann vollkommen aus, sie für $n = 5, 4, 3$ oder gar 2 anzuwenden. Dadurch erreicht man kleinere Koeffizienten und deshalb größere Bequemlichkeit des Berechnens. Setzt man bei der Sieglitz-Methode $n = 2$, so nimmt man an, daß $\log x$ gleich dem arithmetischen Mittel von $\log(x+1)$ und $\log(x-1)$ ist, was natürlich nur richtig ist, wenn x so groß ist, daß die in § 10 besprochene Interpolation gestattet ist. Man erkennt ferner, daß Anwendung der Sieglitz-Methode für $n = 2$ dasselbe ist, wie Anwendung der Tripelmethode und dabei $\frac{c}{2x^2-1}$ ganz vernachlässigen.

Daß die Sieglitz-Methode sicher ausreicht, um kleine Grenzunterschiede bei den Logarithmen der gepaart auftretenden Primzahlen, für welche $m > 18$ ist, zu finden, geht daraus hervor, daß schon für $m = 18$ sich bei log 17 ein Grenzunterschied von nur 62 Hundertmilliontel ergibt, und daß der Grenzunterschied 27 bei log 19 sogar kleiner ist, als der bei Anwendung der Tripelmethode gefundene, der 58 Hundertmilliontel ergab, wie Liste F in § 7 zeigt. Dies zu zeigen, berechnen wir aus den Formeln (6), (7), (8), (9) die Grenzen für log 17 und log 19. Zunächst folgt aus (9):

$$112 \log 17 > [70 \log 18 + 84 \log 16 + 16 \log 21 + 5 \log 14] \\ - [28 \log 20 + 32 \log 15 + 3 \log 22],$$

wo aus den Grenzlisten in § 6 und § 7 in der ersten eckigen Klammer die kleineren Grenzen, in der zweiten die größeren

Grenzen zu nehmen sind. Tut man dies, so erhält man:

$$\log 17 > 1{,}2304\,4861.$$

Wenn man in (8) $m = 18$ setzt, erhält man:

$$84 \log 17 < [42 \log 18 + 84 \log 16 + 6 \log 21 + 15 \log 14] - [12 \log 20 + 48 \log 15 + \log 22 + 2 \log 13],$$

wo aus den Grenzlisten in § 6 und § 7 in der ersten eckigen Klammer die größeren Grenzen, in der zweiten die kleineren zu nehmen sind. Auf solche Weise erhält man:

$$\log 17 < 1{,}2304\,4923.$$

Also ist:

$$1{,}2304\,4861 < \log 17 < 1{,}2304\,4923,$$

also $\log 17 = 1{,}2304\,49$ auf sechs Stellen so, daß auch die sechste Stelle sicher ist.

In derselben Weise findet man aus (6) und (8):

$$1{,}2787\,5360 < \log 19 < 1{,}2787\,5387,$$

also auf sechs Dezimalstellen:

$$\log 19 = 1{,}278754$$

mit der Sicherheit, daß die sechste Dezimalstelle richtig ist und daß der wahre Logarithmus von 19 kleiner ist, aber um weniger als ein halbes Milliontel.

§ 15. Ein Zusatz zur Sieglitz-Formel.

Es liegt nahe, in der Sieglitz-Formel n als gerade Zahl, die wir $2p$ nennen wollen, aufzufassen, damit nur ein einziger mittlerer Binomialkoeffizient vorhanden sei, der dann zugleich der größte aller auftretenden Binomialkoeffizienten ist. Demgemäß setzen wir in der Sieglitz-Formel $n = 2p$, $x = q - p$ und erhalten:

$$(1) \quad -\log(q-p) + (2p)_1 \cdot \log(q-p+1) - (2p)_2 \cdot \log(q-p+2) + \ldots - (2p)_{2p} \cdot \log(q+p) > 0.$$

Das in (1) nicht mitgeschriebene mittlere Glied $(2p)_p \cdot \log q$ bekommt das positive oder negative Vorzeichen, je nachdem p ungerade oder gerade ist. Deshalb erhalten wir bei geradem p:

$$(2)\qquad (2p)_p \cdot \log q < (2p)_{p-1} \cdot [\log(q+1) + \log(q-1)]$$
$$- (2p)_{p-2} \cdot [\log(q+2) + \log(q-2)]$$
$$+ \cdots\cdots\cdots\cdots\cdots$$
$$- (2p)_0 [\log(q+p) + \log(q-p)],$$

aber bei ungeradem p:

$$(3)\qquad (2p)_p \log q > (2p)_{p-1} \cdot [\log(q+1) + \log(q-1)]$$
$$- (2p)_{p-2} \cdot [\log(q+2) + \log(q-2)]$$
$$+ \cdots\cdots\cdots\cdots\cdots$$
$$+ (2p)_0 \cdot [\log(q+p) + \log(q-p)].$$

Ersetzen wir nun jeden der in (2) und (3) auftretenden Binomialkoeffizienten

$$(2p)_i \text{ durch } \frac{(2p)!}{i!\,(2p-i)!},$$

dividieren dann durch $(2p)!$ und multiplizieren mit $p!\,p!$, so erhalten wir, daß, je nachdem p gerade oder ungerade ist, der Logarithmus von q kleiner oder größer ist als:

$$\frac{p}{p+1} \cdot [\log(q+1) + \log(q-1)]$$
$$- \frac{p(p-1)}{(p+1)(p+2)} [\log(q+2) + \log(q-2)]$$
$$+ \cdots\cdots\cdots\cdots\cdots$$
$$+ (-1)^p \cdot \frac{p(p-1)\ldots.1}{(p+1)(p+2),\ldots 2p} [\log(q+p) + \log(q-p)].$$

Die echten Brüche, die hier als Koeffizienten vor den eckigen Klammern stehen, lassen sich nun wieder durch Binomialkoeffizienten ausdrücken. Dividiert man nämlich der Reihe nach Zähler und Nenner von jedem dieser Brüche durch $1!$, $2!$, $3!$, bis $p!$, so erhält man, daß, je nachdem p gerade oder ungerade ist, $\log q$ kleiner oder größer ist als:

$$\frac{p_1}{(p+1)_1} \cdot [\log(q+1) + \log(q-1)]$$
$$- \frac{p_2}{(p+2)_2} \cdot [\log(q+2) + \log(q-2)]$$

$$+\frac{p_3}{(p+3)_3}\cdot[\log(q+3)+\log(q-3)]$$

$$-\ldots\ldots\ldots\ldots\ldots\ldots\ldots\ldots$$

$$-(-1)^p\cdot\frac{p_p}{(2p)_p}[\log(q+p)+\log(q+p).$$

Beispielsweise erhalten wir für $p=3$:

$$\log q>\frac{3}{4}[\log(q+1)+\log(q-1)] \tag{4}$$

$$-\frac{3}{10}[\log(q+2)+\log(q-2)]$$

$$+\frac{1}{20}[\log(q+3)+\log(q+4)];$$

ferner für $p=2$:

$$\log q<\frac{2}{3}[\log(q+1)+\log(q-1)] \tag{5}$$

$$-\frac{1}{6}[\log(q+2)+\log(q-2]].$$

Auch die Formeln (4) und (5) lassen sich gut zur Berechnung von Grenzen für die Logarithmen von Primzahlen verwenden. Da die Primzahl q ungerade ist, so muß man in (4) bei den Logarithmen der geraden Zahlen die unteren Grenzen, bei denen der ungeraden Zahlen die oberen Grenzen wählen. In (5) muß man dagegen bei den Logarithmen der geraden Zahlen die oberen Grenzen, bei denen der ungeraden Zahlen die unteren Grenzen wählen, um sicher zu sein, daß man durch (4) eine untere, durch (5) eine obere Grenze erhält. Beachtet man diese Vorschrift, so erhält man aus (4) und (5) für $q=37$:

$$\frac{3}{4}[\log 38+\log 36]-\frac{3}{10}[\log 39+\log 35]$$

$$+\frac{1}{20}[\log 40+\log 34]<\log 37<\frac{2}{3}[\log 38+\log 36]$$

$$-\frac{1}{6}[\log 39+\log 34].$$

Ein zweites Beispiel biete $p=4$ und $p=5$. Für $p=4$ erhält man aus dem Ausdruck, der oben aus (2) und (3) hervorging:

$$\begin{aligned}\log q < &\frac{4}{5}[\log(q+1)+\log(q-1)]\\ &-\frac{6}{15}[\log(q+2)+\log(q-2)]\\ &+\frac{4}{35}[\log(q+3)+\log(q-3)]\\ &-\frac{1}{70}[\log(q+4)+\log(q-4)]\end{aligned}$$

Für $p=5$ erhält man:

$$\begin{aligned}\log q > &\frac{5}{6}[\log(q+1)+\log(q-1)]\\ &-\frac{10}{21}[\log(q+2)+\log(q-2)]\\ &+\frac{10}{56}[\log(q+3)+\log(q-3)]\\ &-\frac{5}{126}[\log(q+4)+\log(q-4)]\\ &+\frac{1}{252}[\log(q+5)+\log(q-5)]\,.\end{aligned}$$

Die soeben angegebenen Ungleichungen lassen sich gut verwenden, um für log 23 eine obere und eine untere Grenze zu finden, wobei man wieder darauf zu achten hat, daß in der ersten aus $p=4$ hervorgehenden Formel bei den Logarithmen der geraden Zahlen die oberen Grenzen, bei denen der ungeraden Zahlen die unteren Grenzen zu wählen sind, daß aber in der zweiten aus $p=5$ hervorgehenden Formel die Wahl genau umgekehrt zu treffen ist. Die als bekannt vorauszusetzenden Grenzen von

$$\log 24,\ \log 22;\ \log 25,\ \log 21;\ \log 26,\ \log 20;$$
$$\log 27,\ \log 19;\ \log 28,\ \log 18$$

findet man sämtlich in den Listen von § 6 und § 7.

Vierstellige Tafeln und Gegentafeln für logarithmisches und trigonometrisches Rechnen

von

Professor **Dr. Hermann Schubert.**

Sammlung Göschen No. 81.

Preis: in elegantem Leinwandband **80** Pfennige.

Nachdem der Verfasser im Jahre 1896 seine großen fünfstelligen Tafeln und Gegentafeln veröffentlicht hatte, veranlaßten ihn die Anhänger des Gebrauchs vierstelliger Tafeln zu der Herausgabe der vorliegenden Tafeln. Dieselben unterscheiden sich von andern vierstelligen Tafeln hauptsächlich in folgenden Punkten:

1) Zu jeder Tafel gehört eine Gegentafel. Dieselbe ermöglicht es, den Übergang vom Logarithmus zum Numerus oder vom Logarithmus einer trigonometrischen Funktion zum Winkel nach derselben Aufschlage-Methode zu bewerkstelligen, wie die Auffindung des Logarithmus zu einer gegebenen Zahl.

2) Auch bei den trigonometrischen Tafeln und allen Gegentafeln ist jene Anordnung festgehalten, die beim Übergang von den Zahlen zu den Logarithmen gebräuchlich ist, und die darin besteht, daß die letzten Ziffern der Mantissen in Kolumnen geordnet sind, über denen die letzte Ziffer der Ausgangszahl steht.

3) Die Tafel, welche von einer Zahl zu deren Logarithmus führt, ebenso wie deren Gegentafel, macht jedwede Interpolation unnötig, indem immer nicht zu drei, sondern zu vier Ziffern des Gegebenen vier Ziffern des Gesuchten zugehören.

4) Bei den Tafeln für den Übergang von einem Winkel zum Logarithmus einer trigonometrischen Funktion hat man von 45° bis 90° in derselben Richtung zu blättern, wie von 0° bis 45°, und zwar bei den mit wachsendem Winkel wachsenden Funktionen nach vorwärts, bei den mit wachsendem Winkel abnehmenden Funktionen nach rückwärts, indem erstere von oben und von links, letztere von unten und von rechts zu suchen sind.

5) In den trigonometrischen Tafeln sind bei gegebenem Winkel die Intervalle immer so gewählt, daß man das Gesuchte bis auf die vierte Dezimalstelle genau finden kann. In den zugehörigen Gegentafeln sind die Intervalle bei den gegebenen Zahlen immer so gewählt, daß man den gesuchten Winkel bis auf Minuten genau finden kann.

6) Alle Logarithmen bezw. Mantissen sind braun, alle übrigen Zahlen dunkelblau gedruckt.

MIX
Papier | Fördert gute Waldnutzung
FSC® C083411

Zeitfracht Medien GmbH
Ferdinand-Jühlke-Straße 7
99095 Erfurt, Deutschland
produktsicherheit@kolibri360.de